时尚小空间花园

[英] 伊莎贝尔·帕尔默 著

梁 晨 译

MODERN CONTAINER
GARDENING

中国轻工业出版社

目录

入门篇   7

基础篇   17

准备篇   31

养护篇   41

种植方案   53

锈色盆   57

夏日阳光   61

春季盆栽   65

球形吊篮   69

普罗旺斯色彩   73

门廊花槽   77

珊瑚橘色花盆   81

红花盆栽   85

柔色三重奏   89

墙角花架   93

香豌豆花槽   97

草类盆栽   101

粉色与黑色的组合   105

蓝色与黄色的组合   109

霓虹色盆栽   113

屏风花墙   117

锈铁盆   121

粉紫色盆栽   125

阳台盆栽   129

赤陶盆   133

田园风盆栽   137

蓝色盆   141

多肉盆栽   145

悬挂式、地面式松石绿花箱   149

常绿植物与橙红色盆   153

门廊常绿植物盆栽   157

渐变色花盆香草植物盆栽   161

荫蔽盆栽   165

作者简介   169

致谢   170

索引   172

入门篇

我的园艺之旅

　　我的园艺之旅是从阳台上的一盆花开始的。渐渐地，我就种了10盆，再接着，是30盆！最初我只希望能充分利用那小小的户外空间，但很快就变成了一片盆栽花园。在花园里，我可以坐下来，在城市之中享受植物的陪伴。

　　那么，这本书是关于什么的呢？首先，它的目的是帮助大家从零开始建立一个盆栽花园，哪怕你只有一个或几个花盆也无妨。你可能对园艺知之甚少，也不知道从哪里开始，那么本书将会教你一些基础知识。无论你是一个完完全全的新手还是一个经验丰富的园丁，都希望阅读这本书能为你的盆栽园艺提供一些灵感和想法。

　　如果你缺乏园艺经验，那么，我建议最好是从小处着手，先用几个花盆栽上好养活的植物。一旦你明白植物也是生物，需要水、养分和光照，需要照顾和关怀，需要合适的地方让它们茁壮成长，我相信你会深深迷上园艺。掌握更多的园艺知识后，你就可以在空间允许的情况下，种更多的花花草草，这会让你心生愉悦，为之骄傲。这就是园艺的精髓所在。

　　我尽量避免用让人头晕的拉丁文学名来标注植物，这些术语使园艺看起来比实际情况复杂得多，让很多人对园艺望而却步。但由于植物世界错综复杂，植物公认的学名都为拉丁文，而它们的通俗名称却往往在不同国家、地区有所不同。在本书中，我酌情使用了植物最流行的、最为人熟知的通俗名称。如有困惑，尽可在网络上搜索这些植物名称。只需要一点点时间，你就会发现一些让你感兴趣的新品种，激发你的灵感，从而创造出新的种植组合。

　　也许盆栽园艺最重要的特点之一，是可以在看似不可能的地方栽种植物。而且，无论是否有花园，都能种植植物，不必按照一个花园的规模来种植。如果搬家，可以带着盆栽植物一起走。我已经带着许多盆栽植物一起走遍了伦敦，也从未因不得已而舍弃过我喜爱的盆栽植物，这更坚定了我拥有一个盆栽花园的决心。

　　本书中收录了一些关于植物组合的新想法，不同品味的园艺爱好者都能找到各自喜欢的。比如，在一对混凝土花盆中种上特别而精致的喜阴植物，在大

花盆中组合搭配乡村花园风格的美丽花朵，在一个铜制大花槽中搭建适合攀缘植物生长的棚架，让庭院大放异彩。我根据植物的主要观赏期来制定种植方案，适宜的季节会有重叠，不同地域也可能存在差异。例如，虽然某个特定花盆中最初呈现出来的色彩和风貌可能在夏末就会结束，但有些植物会继续展现出美妙的色彩，延长了观赏期。

我写这本书的目的是帮助大家掌握盆栽园艺的基本知识，能多了解一些园艺知识，遇到陌生的园艺术语时知道去哪里查（第14～15页提供了园艺术语表）。这些知识或许会随着时间而增长，或许不会。这并不重要，园艺不是为了应付考试而获取知识，而是能带来满足感和愉悦。

简而言之，我试图创作的这本书是多年前我还是园艺新手时希望能拥有的，希望大家能和我一样享受这段旅程。

——伊莎贝尔

如何使用本书

本书旨在提供一个全面的、易于理解的盆栽园艺指南，无论你是一无所知的新手还是已经有一些园艺经验，都能有所收获。

开篇提供了一个十分有用的操作指南，涵盖了园艺的基础知识，告诉大家需要什么类型的种植工具，以及如何选择花盆、植物。我还会指导大家根据自己的户外空间布置合适的种植环境，确保所选植物能茁壮成长，让大家持续充满成就并保持信心！为了让新生植物有一个最好的开始，还将提供关于种植介质的有用信息。一旦做好了以下基本准备——合适的花盆、最好的培养土和适合的植物，你将会在园艺之路上顺顺利利，你的植物也会始终健康茁壮。

如何阅读植物标签、如何确定住所里的植物是什么朝向，这些都是我当初遇到的难题，所以我想在这里进行解答。为了让园艺工作进行顺利，操作指南部分还讲了在种植前如何准备花盆和植物，一步步演示最佳移栽入盆技术。

当你按照精心设计的栽种方案在花盆里种上植物之后，如果因为养护不当而让所有辛勤工作都付诸东流，那就太可惜了，所以我还会引导你完成养护的任务。这包括：如何浇水和施肥，如何保持植物的整洁和整齐，以及如何应对所有园丁都将不可避免地遇上的问题——病虫害。然而，我想说明的是，对于一个成功的盆栽园艺来说，所需的维护工作中最重要的就是定期、持续地给植物浇水。除了施肥，这也是盆栽植物能蓬勃生长的关键——它们对水分和养分的需求完全靠你来把握，所以请仔细阅读。

书中的种植方案是根据季节更迭来进行安排的，例如，春季种植，或者春末到初夏种植。其次，为了更直观地说明，我设计了一组符号（这些符号的含义详见第55页），这些符号会出现在每个方案中。每个方案都进行了难度评级，大多数都很简单，适合新手。为了保险起见，可以从只有一个花盆的种植方案开始，种上一些自己喜欢的一年生植物，然后再慢慢进阶到更复杂的方案，种植灌木、攀缘植物等多年生植物。有的符号标注所列的植物需要全日照、半阴或者全阴，以及浇水和施肥的要求。有的符号粗略地指出了盆栽植物的主要观赏期，值得注意的是，不同地区的观赏期会有一点变化——你可能发现植物的花期延长或缩短了，这取决于当地的自然条件。

为了尽可能方便大家，每个方案都提供了一份所需工具和设备清单。清单里包括了花盆表面颜色所需油漆的详细信息，但也可以根据自己和家人的喜好，自由选择不同的颜色。每个方案也尽可能地标明了所用花盆的大概尺寸，并附上了植物"采购单"，列出了在该尺寸的花盆中能容纳的植物种类和数量。随着种植经验的增加，你会发现、认识更多的植物，就能够在这些方案的基础上，根据自己的想法制定种植计划。

补充一点注意事项。虽然大多数植物都可以在花盆中生长，但较大的植物如乔木、灌木、大型草本植物和蕨类植物，在花盆中生长一到两季可能还好，但之后则需要移植到露天花园里，或者至少移栽到一个更大的花盆中。

除了真正的盆栽植物（如一年生花坛植物和不耐寒的多年生植物），植物长期在花盆中生长会发育不良。如果你无法将这些植物移植到花园里，我建议让有条件的朋友或家人收留它们。根据我多年的经验，植物是送礼佳品。

本书会一步步地说明如何做好种植准备，以及将植物移栽到各种花盆中的最佳方法。方案后还附带注意事项和种植后的养护小贴士，旨在备齐一切所需，帮助你踏上成功的盆栽园艺之旅。

工具设备

在花盆中栽种植物需要一些利器，许多工具、设备其实和在露天花园里用到的一样。下面介绍一些必需的工具。

铲子等工具

园艺尖铲和松土叉是非常有用的工具。你可以用尖铲挖培养土、补充添加剂，如园艺沙、沙砾、珍珠岩和蛭石（见第28~29页）。松土叉可用于敲碎板结的培养土，将肥料掺入培养土的表层。各种尺寸的塑料或金属质地土铲还可用作测量工具。土铲比尖铲能盛更多的培养土，并且更方便进行移栽。如果你没有足够的空间放置工具，可挑选一些多功能的盆栽专用工具。比如多用起根铲是将尖铲和松土叉两者合二为一的优秀替代品。

浇水工具

对于盆栽爱好者来说，最重要的装备也许是浇水壶。我建议使用带花洒喷头的浇水壶来浇灌叶子娇嫩的植物。如果要施液体肥，可以把水壶的喷头卸下来，直接用壶嘴将肥料浇到土里。我会选择大一点的浇水壶，接水时能少走几趟，当然，小的浇水壶也可以。如果要浇灌多年生植物如乔木、灌木，可以使用花园浇水管。

园艺手套

在处理培养土或带刺的植物时，最好戴一副园艺手套（也能保护指甲）。施肥或使用农药防治病虫害时，也应戴上手套。我使用的是一副贴合手型的家用橡胶手套，更方便操作。

修剪工具

一把好的修枝剪是修剪灌木和整理盆栽植物的必备工具。锋利的剪刀也是修枝、剪花的好帮手。

小贴士——使用后冲洗并晾干，保持工具清洁，其使用寿命会更长。修枝剪等也应在使用后清洗、晾干，避免生锈并保持刀片的锋利。

推荐的工具设备

园艺尖铲

松土叉

塑料或金属土铲

垃圾袋

大塑料盘（用于量取培养土和混合添加剂）

簸箕和刷子（换盆和清理落叶时非常方便）

水桶（可选）

浇水壶（带花洒喷头）

花园用浇水软管（浇灌乔木、灌木）

修枝剪

剪刀

园艺手套

电钻或锤子、钉子（给容器打排水孔）

镀锌园艺扎线

羊眼螺栓

其他辅助工具

植物标签、油性笔

细竹竿或枝条（用于给高大的植物搭架子）

花园用麻绳、细绳或草绳

带轮的移动托盘（用于移动大型花盆）

园艺术语表

以下为盆栽园艺相关术语，不完全，仅提供参考。

酸性土壤：土壤的酸碱度（pH值）在0~7之间时为酸性。杜鹃类培养土适合种植喜酸植物（如石楠和杜鹃）。

碱性土壤：酸碱度（pH值）超过7的土壤为碱性土壤，也常被称作"白垩土"，不利于植物吸收养分。在种植前一定要检查土壤的酸碱度是否适合植物的生长。

一年生植物：在一年内完成其生命周期（即开花、结果和死亡）的植物。

花坛植物：生长快速、色彩鲜艳的一年生不耐寒植物，通常于夏季种在花坛、花盆中，在生长期结束后丢弃。

二年生植物：生命周期为两年，第一年生叶，第二年开花。

抽薹：由于温度过高、光照时间过长，植物过早地开花或结子儿，就是抽薹现象。

植物学名：植物的正式学名均为拉丁文，由"属"和"种"组成，"属"的首字母大写，"种"的首字母不用大写。例如，"英国薰衣草"的正式学名为 *Lavandula angustifolia*。有一些植物的名称还有变种名或栽培品种名等。

鳞茎：一种地下变态茎，盘状，着生鳞茎厚多肉的鳞叶，贮藏大量的营养物质和水分（如水仙和郁金香）。

攀缘植物：在爬藤架和其他类似结构上生长和爬行的植物。

椰糠：一种由椰子外皮纤维制成的堆肥有机材料，常用于无土混合基质中代替泥炭土。

栽培品种：人工选育的、具有独特属性（如花和叶色）的植物，与原始品种不同。是人工培育的，不是植物的天然品种。

剪枝：修剪植物徒长枝等，促进新枝叶的生长。

摘除残花：去除枯萎、凋谢的花朵，延长花期，防止植物结子儿。

落叶植物：每年都会落叶的植物。

排水：水在土壤中的流动情况。排水性好能避免植物烂根。

喜酸植物：即喜欢酸性土壤的植物。这类植物在碱性土壤（即含有石灰或白垩的土壤）中很难健康成长。

常绿植物：整个生长期都能保持叶片常绿的植物。例如海桐和黄杨就是常绿植物。

肥料：一种有机或合成材料，通常呈颗粒状或液体状，用于养护植物。

叶面施肥：直接在植物叶面上施液态肥，给植物补充养分（具体操作需按照产品说明书进行）。

霜冻：当空气中的水分凝结成冰晶时就会出现霜冻现象。不耐寒植物以及种在花盆中的植物，很容易受到霜冻和低温天气的伤害。

杀真菌剂：用于杀死和控制真菌传播的制品。

耐寒植物：耐寒植物（通常是常绿植物）可以承受霜冻天气和零下15℃的温度，叶片不受损害。有一些半耐寒植物可以在户外生长，但在霜冻天气或气温低于0℃时需采取保暖措施。

除草剂：用于杀死杂草或抑制其生长的物质。

杂交品种：由两个不同属或种的植物杂交而成的植物品种。

杀虫剂：用于杀灭或驱赶害虫的药剂。

入侵物种：能迅速传播和蔓延，压制和排挤其他植物，长势难以控制的植物。

覆盖物：铺在土壤表面，防止水分流失、杂草滋生的材料，如树皮屑。通常还包括一些装饰容器的铺面装饰，例如砾石和板岩。

NPK（复合肥）：植物所需的三种主要营养素（称为常量营养素）的缩写——氮（N）、磷（P）和钾（K）。肥料标签上通常会标明产品中每种营养素的含量。

观赏植物：主要供人观赏而不是食用或经济用途的植物。

泥炭：死去的沼泽植物或苔藓的残留物，营养丰富，保水能力强。泥炭主要用于混合培养土，但因为是从泥炭沼泽中获得，不利于生态环境的保护。现可用其他培养土基质来替代。

多年生植物：生长和开花超过两个生长季节的植物。它们要么是常绿植物，要么在冬季枯萎、在第二年再次开花。

垂枝：从上往下垂的花、叶或枝条。

珍珠岩：一种由火山喷发形成的白色天然玻璃质颗粒，可以加入培养土中以改善排水，同时还能保持湿度。

除害剂：用于杀死害虫、真菌和杂草的化学化合物。

根满盆：花盆里植物的根过多，空间不足，有时会看到根从盆底的孔中长出来。

培养土：用于种植盆栽植物的袋装土壤混合物，主要由灭菌壤土（土壤）、泥炭、纯沙粒和肥料组成。有的培养土为无土混合基质（以泥炭或椰糠等材料为基础）。此外，还有专为某一类植物配制的培养土，例如多肉植物专用培养土。

换盆：将盆栽植物移栽到更大的盆中。

修剪：去除枯死、损伤或生病的枝叶。修剪通常是为了观赏效果，如修剪灌木。

土球：植物的根系包裹着土壤形成的泥球。

生苗：植物种子发芽。

灌木：木本植物，常绿或落叶，枝干呈丛生状态。

骨干树种：种植在花园或花盆主要位置的植物，通常是乔木或灌木。

杯苗：用特定容器培育的植物幼苗（通常称为插穗植物），方便日后种植在花盆中或直接种植在地里。

多肉植物：茎、叶或两者都具有肉质组织，肥厚多汁的植物。外皮常含有蜡质，以便很好地贮藏水分。

不耐寒植物：在低温和霜冻中无法存活的植物。不耐寒的多年生植物，如天竺葵属植物，可以在覆盖物下越冬。

表土修整：为了给盆栽植物提供新鲜的养分，去掉表面土壤，加入新鲜培养土或肥料。

灌木修剪：通过修剪给灌木类木本植物创造不同的造型。

蔓生植物：具有攀缘茎或缠绕茎的植物，通常在生长过程中生根，种在花盆中可沿着盆侧蔓延攀附。

杂色：植物的叶子有不同颜色的花纹（通常是白色、奶油色和黄色）。

变种：在植物分类中使用的术语，用于识别一个物种的变异。

蛭石：一种可以膨胀的矿物质，通常呈灰色或米黄色，可添加到培养土中用于改善排水，同时还有助于保水。

杂草：在花园里或盆栽中肆意生长、没有价值的植物。

基础篇

挑选植物

在露天花园中栽种的植物大多数都可以种在花盆中。盆栽植物形状不同、大小不一、颜色各异，包括：小乔木（如紫叶山毛榉）、灌木（如海桐、新西兰麻和朱蕉）、攀缘植物（如铁线莲和香豌豆）、草本植物、鳞茎植物等。从植物生长期角度来讲，有一年生花坛植物、多年生植物。

为了能顺利进行盆栽种植，首先要确定是否能给所选植物提供合适的生长条件。提供最好的生长介质不难，但户外空间能有多少光照是无法控制的。光照是保证植物苗壮生长最重要的因素，有些植物喜欢充足的阳光，有些则不喜欢，不同的光照条件适合不同的植物。空间的光照量取决于"朝向"。这里指的是花园的朝向——是北还是南，是东还是西。这将决定哪些区域阳光充足，哪些区域全天或部分时间没有阳光。

因此，首先要弄清花园是向阳还是背阴，并根据光照来调整种植的植物。

确定朝向

你可能曾听说过有人因为拥有一个朝南的花园而喜出望外。为什么朝向这么重要呢？因为朝向决定了所种植物的光照时间长短等，随之决定了可种植物的种类。所以首先要确定花园或阳台的朝向。你可以使用手机上的指南针，站在外面，背对着房屋，面对花园或者阳台。指南针上显示的方向就是你的花园或阳台的朝向。如果你的前方是南，那么你的花园就是朝南。下面总结了不同朝向的花园的光照情况。

朝南的花园光照量最大

朝西的花园午后至傍晚有光照

朝东的花园早晨有光照

朝北的花园光照量最小

哪种更好？阳光充足还是阴凉之处

　　严格来说，从盆栽园艺方面来看，两者都有利有弊。确实多数的植物喜欢充足的阳光，人人都希望有一个阳光明媚的花园，但这也意味着要更频繁地浇水。光照不足时可以采用一些技巧来弥补。例如，将墙壁刷成白色或乳白色，使用镜子，或者在盆中添加浅色的、带反射作用的砾石作覆盖物，利用光线的反射来增强光照。这些技巧会让植物以为身处阳光充足的地方。

　　如果是在阳台或屋顶花园进行种植，那么风也会有一定的影响。干燥的风会加快植物的水分蒸发，在选择植物时要记住这一点。可以在大型花盆中种植金竹、月桂等常绿植物作为屏风，为娇弱的植物遮挡寒冷干燥的风。

购买植物

在购买任何植物之前，可先搞一些调查，做点功课。这可以让人理清思绪，知道自己需要什么，就不会在花卉市场里毫无头绪，无从下手。

先购买花盆。看看有多少空间需要摆放盆栽，需要放在哪儿，然后就知道需要购买多少植物。关于挑选花盆的建议，见第22~23页。如果已提前买了花盆，最好在买植物时带到苗圃或花卉市场。如果做不到，至少要提前用手机拍张照片。这样就可以根据花盆挑选适合与之搭配的植物。

第一次购买植物时，一定要亲自去苗圃或花卉市场。虽然可以在网上购买植物，但对我来说，园艺中最令人愉快的环节之一就是采购到一车五颜六色的植物，当时就可以检查这些植物搭配起来是否合适。这些植物将成为家的一部分，所以必须要选对。同样重要的是，要挑选健康的植物，给盆栽花园一个好的开始。网购时可能会买到病苗，这是经验之谈。

大多数苗圃和花卉市场都有人能提供帮助，你尽可大胆提问。通常情况下，植物是根据需要多少光照、是否喜欢阴凉来进行搭配的。如果你不知道该如何选择，我将从这里开始进行指导。

如何挑选健康植物

在网上买植物可能更便宜，但在苗圃或花卉市场亲自挑选植物更能保证买到的是健康苗木。下面是购买植物时的注意事项。

整体健康——检查病虫害的迹象。虫卵通常附着在叶子背面，所以要仔细查看叶子。

根系——如果可以的话，将植物从塑料盆中取出，检查根部：摸着是坚实的、看起来是健康的。如果植物根长满盆，即塑料盆底部长出大量缠绕的根须，最好不要购买。

花、叶——健康的花、叶没有任何变色或斑纹。

开花植物——选择花蕾较多的植株，特别是一年生花坛植物，保证物超所值。

植物有时会死掉，但别灰心，继续

即使是最有经验的园丁，也会遇到植物不够苗壮甚至死亡的时候。如果修复、剪枝、浇水、施肥、病虫害防治都不奏效，那么换新的植物，重新开始才是比较明智的选择。你也正好有理由去花卉市场多买些植物，所以不要灰心，园艺就是要从错误中学习、进步。此外，如果盆中某种植物已经生病，那么最好尽快拔掉，以免传染其他植物。

了解植物标签

下图是一个植物标签的范例。下面的表格更详细地说明了标签提供的植物信息。

欧耧斗菜

学名：*Aquilegia vulgaris*

全日照、半阴

60～80厘米

正面

这种艳丽的多年生草本植物能开出精致的蓝色花朵，是盆栽和切花的理想选择。

浇水 ◊◊◊

形态 直立、高

花期 初夏或秋季

摆放位置 全日照、半阴

植株间距 20厘米

耐寒性 耐寒、耐冻

施肥 施肥频率

背面

正面		背面
通俗名称 欧耧斗菜	**用途** 植物的使用指南	**摆放位置** 需要多少光照：
植物学名 植物的属、种、变种或栽培品种（视情况而定）	**浇水** ◊　土壤完全干燥后可浇水 ◊◊　土下3厘米变干燥可浇水 ◊◊◊ 让土壤时常保持湿润	全日照 每天6小时以上的阳光直射 半阴　每天4～6小时的阳光直射 荫蔽　每天少于4小时的阳光直射
光照需求 植物需要多少光照才能健康成长	**形态** 植物生长的形态（如直立、丛生或蔓生）	**植株间距** 植株之间需要留出多少空间（盆栽可稍微缩小）
高度 植物正常的生长高度	**花期** 植物开花的时期	**耐寒性** 承受低温的能力
		施肥 施肥的频率

挑选花盆

盆栽园艺并不只针对庭院、阳台和屋顶花园这样的小空间，也不局限于城市地区。如果你只有一个小阳台，几个花盆就可以让你对园艺充满激情，一年四季都能享受到栽种植物的乐趣；大一点的花园可以让你在挑选花盆和搭配植物时收获多多。

花盆的种类繁多，有传统赤陶的，也有混凝土的或锌合金的，尺寸和材质都是多种多样的。也可以循环利用回收物品，制作出属于自己的独特花盆。在各地的花卉市场可以挑到很好的花盆，也可以在网上购买。花点时间考虑一下心仪的花盆尺寸、形状、颜色和价格。用盆栽创造一个"花园"，让你有机会尝试不同材质和色调的搭配。

当然，所拥有空间的大小，以及个人喜好和预算都会影响你的选择。不过，我认为买花盆在精不在多，买一堆小花盆不如买几个有特色的花盆。

重要的是，花盆的风格或材质应与房屋的风格一致。例如，铅制花盆与老式房屋搭配起来非常好看；现代公寓则需要搭配比较现代的材料，比如锌合金花盆；而乡村花园可以利用自然风格的花盆，如赤陶或石头花盆来增强效果。

挑选花盆的绝佳技巧

花盆越大越好（可以减少浇水的频率，也让植物有生长的空间）。

深盆比浅盆好。

确保花盆至少有一个排水孔（三个更好）。

挑选造型、设计夺人眼球的花盆。

使用不同高度和大小的花盆。

花盆的类型

逛一逛本地的花卉市场，能看到一排排的花盆、窗栏花箱，各种尺寸、颜色、材质，琳琅满目。也能找到吊篮、壁篮和花架。如果想要更多不同寻常的样式，让盆栽更具个人风格，可以去旧货商店寻找可以回收利用的物品，将其变成花盆。如旧水槽、金属槽、旧罐头、镀锌金属桶、铁皮浴盆、木制酒箱、装运蔬果的木条箱以及柳条筐。如果找到的容器没有排水孔，也不用担心，在金属和木质容器上打排水孔很容易（见第32页）。

花盆的材质

最适合做花盆的是赤陶、石头和木头等，隔热效果较好，不会让植物过热。也可以买非常好的仿制陶土、石头花盆，外观上毫不逊色，但价格更低。可以找一找由合成石和轻质材料（如纤维玻璃）制成的花盆。对于有载重限制的阳台或屋顶花园来说，自重较轻的花盆可能是最佳选择。木制花盆也很好，但要注意，时间长了容易腐烂。

给花盆上漆

本书中的不少花盆都是我自己制作的，比如悬挂式、地面式松石绿花箱（见第148页）。我还为很多花盆上了漆，包括香草植物渐变色花盆（见第160页）和多肉盆（见第144页）。上漆和喷绘是创造独特花盆的好方法——你可以根据种植方案选择合适的色调和纹理。

上漆前的准备

首先一定要彻底清洁花盆，干净的表面会让油漆或喷漆效果更好。用流水冲洗，必要时用清洁刷轻轻擦洗，去除灰尘污垢。自来水中含有盐和其他化学物质，时间久了会在赤陶盆上形成白色水垢。留有水垢的表面不利于上漆，所以建议先进行更彻底的清洁（见第32页关于陶盆清洁的说明）。另外，在上漆之前，花盆要完全晾干，尤其是陶盆，因为陶盆很容易吸收水分。把陶盆放在阳光下，能干得更快。

也可以涂一遍油漆底漆打底，漆面会更光滑，也更持久。金属、木材、陶土、石材及塑料等，不同材质都有对应的底漆。

上漆和喷漆

购买油漆较贵，特别是一大桶的油漆可能会很花钱，所以可先头一些盆来试验，看实际颜色和效果是否满意。

可以在花槽、花箱、木条箱等木制容器上刷各种外墙涂料，也可以刷普通的外墙乳胶漆和亮光油性漆。金属花盆最好使用亮光漆或金属专用漆。赤陶盆可以用无毒的丙烯颜料、乳胶漆上漆或喷漆。混凝土盆或石盆也可以用乳胶漆或涂外墙的砖石专用漆。木质花盆可用户外木材涂料。但要注意，木材自身的颜色会影响最终呈现出的颜色。上漆时要先将花盆放在防尘布或报纸上，保护涂漆表面。

首先使用家用油漆刷上一层底漆，或者用泡棉油漆刷，表面会更平滑。然后，根据使用油漆的类型和颜色，以及是否想让花盆的某部分保留本色，酌情涂上第二层甚至第三层。花盆的底部或内部不需要上漆，但花盆内壁约3厘米的边可以，因为这部分不会被土遮住。花盆油漆彻底干透后再进行栽种。花盆要晾一段时间，特别是陶制花盆。为了避免油漆剥落、开裂，可以再刷上哑光或亮光清漆保护（参照产品说明操作）。

给花盆喷漆时，应在户外或通风良好的地方进行。握住油漆罐，在距离花盆表面约30厘米的位置，缓慢地来回移动喷射。一边喷漆一边慢慢旋转花盆。尽量让喷漆罐与花盆保持相同的距离，保证油漆能均匀覆盖到表面。每喷完一层后，等几分钟再喷下二层。喷漆时参照产品说明操作。

上漆、涂漆所需工具

软毛刷（用于刷拭花盆表面污垢，准备涂漆）

家用油漆刷或泡棉油漆刷

防尘布或报纸（保护涂漆表面）

石油溶剂油（清洁刷子）

承重

如果你只有一个阳台或屋顶花园，在决定购买花盆和植物之前，必须向建筑师或结构工程师确认它的承重是多少。如果计划进行大工程建造，如建造花台，那么还要确定是否需要获得规划许可。弄清阳台是否防水。事前做好安全保障好过事后遗憾，否则可能带来可怕的后果，比如自己家里或者楼下邻居家遭遇内涝，又或者是屋顶或阳台因承受不了重荷而塌陷。浇透水的花盆是非常重的，所以最好把花盆放在靠近承重墙的地方，或是承重梁、托梁上。

盆栽园艺设计

在花盆中展示精彩的植物既富有创意又收获多多。可以尝试不同色彩、图案和形状的组合，在大盆中栽种某一种植物，或者搭配不同的植物创造小型的花叶"边框"。

在设计盆栽园艺方案时，要记住这三个词：高株植物、填充植物、垂吊植物。在设计盆栽和搭配植物时，这三个词非常有用。假如你有一个大花盆，背景可用一些高大的植物来提升高度（高株植物或焦点植物），然后用一些较矮的植物来填补花盆的中间区域（填充植物）。想要整体效果更好，可以在花盆边缘垂下蔓生植物（垂吊植物）。以下是我最喜欢的高株植物、填充植物、垂吊植物的清单（不完全列表）。

高株植物　木茼蒿、杜鹃、风铃草、大丽花、飞燕草、大戟、倒挂金钟、绣球、薰衣草、羽扇豆、新西兰麻、海桐、香豌豆、柳叶马鞭草、婆婆纳。

填充植物　银莲花、金鱼草、欧耧斗菜、紫菀、大星芹、彩叶草、秋英（波斯菊）、双距花、矾根、凤仙花、金盏花、紫罗兰、蓝眼菊、天竺葵、鼠尾草、黄水枝、蔓长春花、百日菊。

垂吊植物　小花矮牵牛、飞蓬、牵牛、半边莲、矮牵牛（碧冬茄）、常春藤、美女樱。

小贴士——耐寒植物，如薰衣草等灌木，或倒挂金钟、羽扇豆等多年生草本植物，可以先种在花盆中，生长一段时间后，需移栽到露天花园里，或移到更大的花盆中。

组合植物

每年为种植方案决定颜色和植物搭配，是我收获喜悦和满足的源泉。植物需要根据地区特点和个人品位来选择，我整理了一些要点，对盆栽园艺新手，应该有帮助。

植株数为奇数是最美观的，所以在花盆中可以选择种1、3或5株植物。

考虑用色方案时，选择1~2种互补色即可，慎选过多颜色。颜色太多会使盆栽看起来太过繁杂，空间显得局促，除非你的目的是要追求大胆的撞色。

记住搭配法则——高株植物、填充植物、垂吊植物。选择一种高株植物为焦点，用直立的花坛植物填补空间，外缘再种上垂吊在盆外的植物。

焦点植物可选择常绿植物，如黄杨、薰衣草或月桂，夏季搭配种植多年生植物和一年生植物，秋季种植鳞茎植物，任凭季节变化，全年都是观赏期。

将生长需求相似的植物组合起来，能获得最佳效果。例如，将需要全日照的植物种在一起，将喜欢半阴或全阴的植物种在一起。

小花盆可以选择矮生变种或高山植物，就算条件有限，它们也会很快乐地成长。

如果做不到每天浇水，可选择抗旱植物，如仙人掌等多肉植物，或者喜欢阳光的香草植物。

大丽花（高株植物）　　　鼠尾草（填充植物）　　　秋英（填充植物）

大戟（高株植物）　　　　牵牛（垂吊植物）　　　　松果菊（高株植物）

蓝眼菊（填充植物）　　　云南蓍（填充植物）　　　常春藤（垂吊植物）

种植介质

花卉市场和网店都有多种盆栽培养土可供选择。不同的植物都有最适合自己的培养土。培养土主要有两种类型：以土壤为基础的培养土和无土混合基质。

以土壤为基础的培养土

以土壤为基础的培养土是一种可靠的通用混合土，由灭菌的壤土（土壤）、泥炭、纯沙砾和肥料组成，适合大多数盆栽植物。培养土不仅能提供充足的养分，还能很好地保持水分。排水性良好，能促进根系生长。市面所售的培养土大致有以下几种。

用于育苗和扦插的培养土

这种土重量轻、营养成分低。幼苗长大后需要移入较大的盆中。

用于一年生和多年生植物的培养土

这是一种质量稍重、含有更多养分的培养土，能促进根部和叶子的生长。还有鳞茎专用培养土，含有园艺沙或沙砾，排水性优良，适合球茎生长。

用于多年生植物的培养土

这种培养土养分丰富，排水性好，还含有缓释肥料，适合在花盆中长期种植的乔木、灌木和竹子等。

无土混合基质土

顾名思义，这种培养土中没有任何土壤。它通常以泥炭或泥炭替代物为基础。由于提取泥炭来制作基质土会破坏环境，越来越多的人选择泥炭替代品（如椰糠或木纤维）制成的培养土，其效果和泥炭基质土几乎是一样的。

无土混合基质土完全可以满足大多数类型的植物。这种土的优点是比以土壤为基础的培养土更轻，无论是运输还是种植都很轻便，而且价格一般也比较低，适合小型盆栽使用。主要缺点是这种土往往很快就会干透，且一旦干透就很难再补水。用这种土种植植物时，最好在土中添加一些保水剂。此外，还需要定期施肥，保证养分充足。这种土不适合用于需长期栽培的植物，如多年生植物。

专用培养土

有些植物需要专用培养土，如仙人掌等多肉植物，它们需要特别多的沙砾辅助排水。如果买不到多肉植物专用培养土，可在通用培养土中添加一些园艺沙或沙砾，提高排水性。杜鹃类植物，如帚石南、山茶、杜鹃需要pH值低于7的培养土，该类型的培养土不含石灰，专为喜酸植物而设计。

补充添加剂

种植盆栽植物之前，在培养土中补充各种添加剂也是大有裨益的，可让盆栽更好地排水、更有效地吸收养分。

园艺沙或沙砾 种植高山植物、草本植物、多肉植物时，园艺沙和沙砾能改善排水。种植幼苗或特小型植物时，只能使用沙子或细碎的小石子，以免损伤脆弱的根部。如果种植的植物上重下轻，沙子和沙砾也可以用来帮助增加培养土的重量。

珍珠岩 一种火山喷发后形成的白色天然玻璃质颗粒，培养土中加珍珠岩有助于增加透气性和排水性。它的重量也很轻，适合阳台和屋顶花园使用，也是理想的吊篮用土。

蛭石 一种会膨胀的矿物质，通常呈灰色或米黄色，效果与珍珠岩相同。

保水剂 浇水是盆栽园艺成功的关键，在培养土中添加一些保水剂会非常棒。保水剂呈颗粒状，吸水后会膨胀，可为植物提供水分，就不用那么频繁地浇水了。在夏季种植和使用吊篮种植时，建议在培养土中添加保水剂。

准备篇

准备好花盆

在种植之前清洁花盆可以减少新植物感染病虫害的风险。用温肥皂水擦洗花盆，彻底冲洗后晾干。

清洁陶盆

陶盆看起来很脏，还有结垢。虽然有人喜欢这种老旧的效果，但值得一提的是，反复使用没有清洁的脏盆并不利于植物生长。说实话，如果一个陶盆看起来满是污垢，植物种植时间可能也过长，应该更换新的培养土。

1. 用清洁刷擦洗花盆内外，尽量去除盆上的土和泥。

2. 将花盆浸泡在加了白醋的水中。每750毫升或1升的水需要大约250毫升的醋。醋的浓度越高，浸泡的时间就越短。将盆完全浸入溶液中，醋会溶解积垢。20～30分钟后，试一试是否能擦拭或搓洗掉。如有必要，可浸泡久一些，用刷子用力擦，去除积垢。

3. 最后，有条件的可把花盆放进洗碗机，使用快洗循环功能对花盆进行清洁和消毒，做好最后的准备。如果没条件使用洗碗机，也可以用温肥皂水擦洗花盆，然后冲洗干净。

检查排水孔

要保证所有花盆都有一个或多个排水孔。大多数植物不喜欢过于潮湿的土壤，所以必须将多余的水排出，防止盆土积水。大多数花盆都有排水孔，但金属桶或木箱等回收容器可能没有。用锤子和钉子能很容易地在这些容器上打孔。只要将容器翻过来，将钉子尖对准底部，用锤子用力地敲打钉子，就能打出一排孔。也可以用电钻来打孔。石头、陶土或陶瓷制成的容器不能用这个方法打孔。在这种情况下，可以用来种植室内摆放的植物。如果用作室外花盆，浇水时要注意检查盆土是否积水过多。

放置排水用瓦片

为了让水能够从花盆底部顺利排出，最好用几块碎陶片、旧瓷砖或旧瓷器碎片（通常称为"瓦片"）盖住排水孔，可以防止排水孔被培养土堵塞。若没有瓦片，可以把破陶罐等放在塑料袋里，用锤子砸碎，碎片就不会飞溅误伤到人。在砸瓦片时，最好戴上太阳镜或防护镜。瓦片3~4厘米见方比较适宜。在花盆底部放上一小把碎瓦片，就可以开始种植了。

平时可以用一个旧花盆攒一些碎瓦片，这样就随时有用的了。也可以用一次性泡沫饭盒（聚苯乙烯）的碎片作为排水材料（这是在屋顶花园和阳台上保持轻量的理想材料）。

好好浸泡植物

为了让植物上盆顺利，建议在移栽前将植物根部的土球放入水中浸泡一下，只需将土球在大水桶中浸泡10~20分钟。具体浸泡时长应根据植物大小而定。当泥土表面停止冒出气泡了，就说明土球已经浸透。

梳理植物根部

植物从塑料育苗盆中取出来时，可能根部已经长满盆了。在种入新花盆之前，可用手轻轻地梳理根部，让根松散开来，以便能在新花盆里继续生长。梳理时注意尽量不要损伤到根系。

如何给木制或藤条花盆加衬

如果花盆（或窗栏花箱）是由木头或柳条制成的，在种植前一定要垫上黑色塑料布（防止木头腐烂）。也可以将一个塑料花盆套在木制花盆里，并在周围填充培养土。

1. 根据花盆的大小裁出一块尺寸够大的垫布。
2. 将垫布铺在花盆中，将四周边角整齐地塞进花盆里。
3. 用钉枪把花盆边缘以下的位置都固定好。
4. 在垫布上开几个洞，以便排水。然后按照正常步骤种上植物。

种植技术

无论是在花盆中种植一种植物还是多种植物，栽培的技术都是相同的。吊篮和窗栏花箱的栽培技术则略有不同。

花盆栽培

如果是新买的花盆，不用做任何处理，可直接开始种植。如果是重复使用旧盆，那么应先进行彻底清洗，以防旧盆残土中藏有真菌、病菌、害虫卵（见第50～51页）。

1. 将植物根部土球放水中浸泡10～20分钟，浸泡时长据植物大小而定。然后让土球自然沥干。

2. 用瓦片盖住盆底的排水孔（可能会有多个）。这样既能改善排水，又能防止浇水时盆土漏出。

3. 在盆底垫入几小铲碎石，有利于排水。

4. 如果有条件，可在盆栽培养土中添加一些蛭石（见第29页），也有助于改善排水。加入了蛭石后，需用手将其与培养土充分混合。

5. 在花盆底部加入培养土。将培养土填至花盆容量的三分之二，并用手轻轻压实。

6. 用手轻轻地理顺植物的根。将植物放入盆中，调整种植深度。植物种下后，加入盆中的培养土应低于盆缘2～3厘米，以便日后浇水、施肥。根据需要添加或减少盆土，调整高度。如果还要在盆中继续种入其他植物，应种在第一株周围，保证所有植物的土球都在同一高度。

7. 加土填满植物和花盆之间或植物之间的空隙。

8. 轻轻压实盆土，然后平整表面。注意不要压得太紧，否则会让盆土表面过硬，妨碍排水。

9. 再次检查表面是否平整，是否还需继续加土。还可以在表面铺一层细砾石或其他装饰，让盆栽成品更为美观。覆盖在表面的砾石还能避免盆中的水分过快流失。

10. 放置好盆栽，然后浇足水。浇水时最好使用一个带花洒喷头的浇水壶。植物浇透后，让多余的水自行排出。

小贴士——种植的最佳时间是清晨或者傍晚时分，气温不太高。要保证浇透水，并施一些肥料。

窗栏花箱、花槽栽培

　　如果没有花园，窗栏花箱是理想的选择，放置在阳台和屋顶花园，任何房屋都会因此增添一丝吸引力，让人驻足欣赏。但要记住，建筑物上层的花箱需要妥善固定，以免发生意外。此外还要记住，装满盆土并浇透水时，花箱会变得非常重。

1. 在花箱中种植和在花盆中种植是一样的，但花箱只能从一面欣赏。可以把花箱想象成一个迷你花境，甚至是一个小戏台，据此合理安排植物。

2. 从后排较大的植物开始种植，前排种植较小的植物。可以用常春藤等蔓生植物在边缘堆叠，柔化花箱锐利的边界感。在花箱中重复使用某种植物，也有助于营造统一和谐的氛围。

如何制作悬挂式花盆

（见第148页，悬挂式、地面式松石绿花箱）

1. 在花盆的4个角分别钻一个孔。

2. 取4条同样长度的链条，将链条穿入孔中，链条两端各拴一个钥匙圈，其中一个钥匙圈固定在花盆边缘的下方。

3. 把在同一边的两根链条并起来，用另一端的钥匙圈固定住，链条就可以挂起来了。

4. 另一边重复上述步骤。

将一个钥匙圈固定在花盆边缘的下方

将同一边的两根链条连起来，另一端也用钥匙圈固定住

固定窗栏花箱

　　将花箱牢牢固定在窗上至关重要。可以在花箱两边各加上两颗钉子或羊眼螺栓，连上铁丝，防止窗盒掉落；也可以使用特制的花箱托架，将其固定在窗台、墙壁或栏杆上。不同型号的托架可以承受不同的重量。也可以使用阳台栏杆挂钩。

吊篮栽培

吊篮盆栽通常使用颜色绚丽、花叶繁盛的植物，枝条层层叠叠垂挂在盆边，整个夏季都会完美地呈现五彩斑斓的景色。

1. 将吊篮放在一个干净、平整的平面上。

2. 在篮子里垫上苔藓或吊篮衬盆。

3. 如果用苔藓作衬，需要先铺一些黑色塑料布或其他的衬垫。用剪刀把垫布剪成圆形，大小要适合垫在苔藓的底部。在塑料布或衬垫的底部剪几个排水用的孔洞。

4. 在篮内装上三分之一的培养土，用手轻轻压实。

5. 先在吊篮侧面种上植物：在苔藓或衬垫上开个口子，然后把植物的土球塞进去，放置在培养土的表面，然后加土盖住土球。

6. 接着，种植吊篮顶部。最好在中间种一株主植株，然后沿着盆缘栽种较小的蔓生植物。

7. 用S形挂钩和金属链将吊篮挂起来。

制作球形吊篮

球形吊篮的下半部分可像普通吊篮那样做好准备，然后用镀锌铁丝将上半部分吊篮固定在上面，就可以制作出一个造型特别的球形花盆了。还可以先给吊篮喷漆上色。将球形吊篮固定在一起并悬挂起来的方法见第70页。

小贴士——种植时，先将吊篮放在水桶或旧花盆上，吊篮就不易摇晃，更方便操作。一旦种上植物、浇透水，吊篮会变得很重，因此要使用轻质培养土。吊篮种植完毕、吊挂起来后不容易取下，所以在种植之前，可在培养土中加入一些通用型的肥料颗粒。

最后的装饰

为盆栽及周围环境添加一些装饰，提高时尚度，让园艺空间更光彩夺目。

铺面装饰

提升花盆颜值最简单的方法之一就是使用铺面装饰。花卉市场和网上有各种各样的铺面材料。给盆栽铺面不仅比光秃秃的泥土更具魅力，而且还有实用的功能——有助于防止杂草生长、降低盆土水分蒸发。尽量根据花盆和植物的风格来进行选择。

石灰岩碎石　一般呈乳白色或米黄色，铺在容器表面，显得清爽、洁净、时尚。

砾石　颜色丰富，许多植物都适合用砾石做装饰。

苔藓　片状苔藓、垫状苔藓都可以在花店和花卉市场买到，苔藓能把多数植物盆栽装点得自然可爱。

鹅卵石　大大小小的美丽鹅卵石，让许多种植方案更为出色，特别是搭配海滨植物如刺芹和海石竹。但是，不要冒险去海滩上拾捡鹅卵石和贝壳。

板岩　灰色的板岩碎石与生长在金属花盆中的植物搭配起来特别时尚。

照明　可以沿地板边缘安装带硅胶套的灯带，为地板和台阶照明，简单、方便又美观。

坐垫　在户外休息区放置户外坐垫和地毯能让空间更具个性。

瓷砖　马赛克瓷砖为户外空间增添一丝魅力。

草皮　虽然我更喜欢天然的草地，但人造草皮可以让阳台、露台等户外空间看起来郁郁葱葱，还能遮住不够美观的地面。

饰品　玻璃摆件和庭院饰品能让园艺空间变成独一无二的风景。

花盆的陈列

可以用花架来陈列所有的植物，打造自己的特色。如果空间有限，多层花架可以展示更多盆植物。简单的人字梯也可以拿来做花架。要记住，架子低层的植物接收的光照较少，因此要根据植物习性来摆放。

小贴士——时间久了，铺面装饰中的各种化学物质会在浇水时慢慢渗入培养土里。为了避免这种情况发生，可以将一块园艺绒布或薄膜剪成与容器表面相同的大小，在绒布中间剪一条缝或一个小孔，大小要适合植物的茎穿过，先将绒布放在泥土表面，再铺上装饰物。绒布、薄膜具有透气性，可以在让水渗入植物根部的同时阻拦化学物质。

花架上的盆栽要单独浇水，保证每株植物都能得到适当的浇灌。这比从架子顶层浇水，让水从上往下流进所有盆栽的效果要好得多。

养护篇

浇水与施肥

与种在露天花园中的植物不同，盆栽植物要靠人定期浇水、施肥才能满足需求。雨水往往无法浇到盆栽植物，而培养土里的养分很快就会耗尽。

浇水

通常，春季和夏季是盆栽植物的生长活跃时期，需要多浇水。从仲春到初秋，每天都要检查水分含量——天气炎热时，最好能每天检查两次。最有效的检查方法是将手指伸入盆中约10厘米的深处，感觉泥土的干燥程度。也可以买一个专用的测量仪来读取湿度水平。

浇水时间

夏天，清晨浇一次水。若有必要，傍晚凉爽时再浇一次。不要在一天中最热的时候给植物浇水。冬天，觉得植物缺水了，就在上午浇水。落叶植物或其他休眠植物在冬季少浇水，针叶树和其他常绿树要适量浇一点水。

浇水频率

盆栽的花坛植物每天都需要浇水，特别是夏天。多肉植物和耐旱植物（如香草植物）需要的水较少。处于成熟期或种植时间较长的植物，在不浇水的情况下比新种植的植物存活时间更长。即使下过雨也需要浇水，因为植物叶子就像雨伞，会把雨水挡在外面，泥土可能得不到充足的水分。

如何浇水

浇水的最佳方法是用花园软水管对准盆土，浇完一盆再轻轻地移到另一盆。也可以使用带花洒喷头的浇水壶，虽然比较费时，但能保护植物娇嫩的花、叶。给植物浇透水，让水满出盆面，从盆底流出。等水排完后再浇一次水，保证盆土彻底湿润。如果水没有从盆底流出，检查排水孔是否堵塞。尽量缓慢、持续地浇水，让泥土有足够的时间吸收水分。

如果觉得浇水是件麻烦事，可以安装自动滴灌浇水器，定时给植物浇水。这个方法在人们外出度假时能帮上大忙。也可以买自动浇水箱，把普通的容器变成自动浇水的花盆。但仍然需要密切关注植物的水分需求，适时调整。

浇水不足、浇水过多

　　新手浇水时容易出现浇水过少或过多的问题。植物水分不足的迹象包括花瓣掉落、叶子干枯、萎缩、变色，茎干软弱无力等。也可能花朵颜色发白、变淡。如果泥土已经极度缺水，可以用本页"拯救缺水的盆栽植物"部分介绍的方法为植物补水，使其恢复生命力。

　　过度浇水是大家常犯的错误。要保持盆土湿润但不能一直泡在水中，因为植物不喜欢泡在湿漉漉的环境中。

　　浇水过量的迹象有：叶子长出水浸状斑点，慢慢发展成凸起或肿块。凸起和肿块易破，还带有白色粉末状或铁锈色鳞片状霉菌。不要急着去掉病变的叶子，这样情况会更糟。应该先检查盆土是否能自流排水（排水孔有可能被堵住了），如果盆土太湿，最好换新土，重新栽种植物。

给多肉植物浇水

　　如果你种植了多肉植物，或者是选择了本书中的"多肉盆栽"方案（见第145页），请使用"干透浇透"的方法，即等到盆土干透后再浇下一次水。

拯救缺水的盆栽植物

　　即使是最有经验的园丁，也会遇到植物在干燥龟裂的泥土中奄奄一息的情况。要想让植物恢复生命力，可以将盆栽移到阴凉处。定期仔细浸透盆土，用水轻轻喷洒叶子表面，剪掉枯萎的叶子。也可以将盆栽浸入大水桶中约30分钟，直到盆土被浸透，叶子又开始丰满起来，然后将花盆取出，自然沥干。别着急把干枯的植物丢掉，等待几个星期，你会发现它开始发芽，重现生机。

小贴士——在炎热的天气里，将盆栽集中在一个阴凉的地方，形成小气候，能保持植物周围的空气潮湿，降低环境温度，帮助植物度过难熬的高温天气。

施肥

　　新移栽入盆的植物，通常在前六周能依靠培养土的养分来维持生长。在植物的生长期（通常是仲春到初秋）需要定期施肥，才能保证植物苗壮成长、增加花量。可以使用通用肥料，其中富含植物所需的三种主要化学物质：氮、磷和钾（NPK）。氮能促进绿叶健康生长，磷能帮助根系生长，钾能提高开花量和结实量。如果想要花坛植物开出繁盛美丽的花，就需要使用含有大量钾的肥料。番茄肥料含有大量的钾，所以，可以在夏季给一年生植物使用稀释的番茄肥料。

液体肥料、水溶肥粉剂或颗粒

　　可以购买通用肥料，也可以购买特定植物类型的肥料，比如番茄肥料、玫瑰肥料或者草莓肥料。只需根据产品使用说明，用水将肥料稀释，在整个生长期中每隔7~14天施用一次。

缓释肥颗粒

　　如果比较忙，或者容易忘记定期施肥，可以试一试肥料颗粒。在换盆时将肥料添加到培养土中，或者将肥料添加到盆栽植物的盆土表面。施肥后的一段时间内，养分会在浇水时慢慢释放出来。也有缓释植物肥料，在整个生长期只需要用一次。要严格遵循产品使用说明，根据植物的具体情况调整使用量。

叶面肥

　　将稀释的叶面肥喷洒在植物上，以便植物迅速吸收养分。为了达到最大的吸肥效果，叶子背面也要喷洒。避免在阳光强烈时进行叶面施肥，否则可能会导致肥料溶液挥发使叶面被灼伤。

表土修整

　　如果花盆中栽种了多年生植物，如海桐、新西兰麻等成熟灌木，可以进行表土修整，让植物保持健康，苗壮成长。尽可能多地除去花盆表面的盆土，然后加入新的培养土（也可掺入一些肥料），并浇透水。把新土压实，消除土壤中的孔隙。

小贴士——香草植物、多肉植物、野花等植物喜欢较贫瘠的土壤，因此只需施用较少养分。对于这些植物，我建议选择通用肥料并只施加推荐剂量的一半。你还可以买到适用于杜鹃花、玫瑰、多肉植物的专用培养土。如果使用的是无土混合基质土，请检查施用的肥料是否含有必要的微量元素，如铁、锰、锌和铜。

养护日历

如果没有足够的时间来养护植物，空间也有限，盆栽是理想的形式。下面是按季节划分的盆栽花园的养护任务，涵盖一个园艺年的各个阶段，有序又有效。

春季

首先检查越冬的盆栽是否被冻坏。如果需要换盆，做好清洁的准备。

去除越冬植物上枯死、病害或受损的部分。

轻轻拆去不耐寒植物如苏铁、树蕨、香蕉身上的冬季保护。

给所有盆栽进行第一次彻底浇水，即使雨天也可浇。再给盆栽浇几次水，并检查水是否从排水孔中流出。

继续浇水，以后要定期施肥。

种植鳞茎植物，如大丽花、葱属植物和百合等在夏季开花的植物。

到花卉市场、苗圃购买新的花坛植物。也可以网购，但需要等待一段时间才能收到植物。

等霜冻天气过去后，再开始种植新的植物。

给已长满盆的植物换大盆。

检查多年生植物，如灌木、竹子等，是否需要换一个大一点的花盆。如果植物太大不便换盆，可以把表面旧土去掉，换上新培养土。

给生长茂盛的多年生植物分盆。

在早春时节，给黄杨等灌木进行第一次修剪。

给新获得的种子、植物或球茎贴上标签。保护新上盆的植物，防止蛞蝓等侵害。

夏季

栽种夏季开花的新植物，可以去花卉中心和苗圃选购好苗。

定期浇水、施肥。酷暑天气里，记得每天给植物浇水（最好能每天浇2次）。每7～14天施一次肥。

如果要离家外出一段时间，可让朋友或邻居帮忙给植物浇水、施肥。如果没人帮忙，可以将所有盆栽移到阴凉处。

将一年生植物和不耐寒的多年生植物的残花剪掉，促其二次开花。

高大的植物可能需要搭支架。

每天检查病虫害情况，一旦发现有病虫害迹象，立即处理。

春季开花的球茎植物叶子变黄后，将其剪掉。

轻轻修剪早期开花的多年生植物，如风铃草。

继续修剪灌木，在夏末进行一年中的最后一次修剪。

定期给迷迭香等香草植物修剪小枝，保持植物美观、茂盛的外形。

秋季

清空并清洁夏季种植花坛植物的花盆。扔掉不要的花坛植物。

将大丽花从花盆中取出，将块根放在阴凉干燥的地方自然晾干，来年可再次种植。

去除多年生植物上的残花、枯叶，同时清除盆土表面的落叶。

修剪乔木、灌木上枯死、生病或受损的枝条。

给春季开花的多年生植物如玉簪等进行分株。为能在冬季存活的多年生植物做好过冬准备（见第49页）。

在新盆中种一些春季开花的鳞茎植物，静待春季到来、鲜花盛开。

冬季

如果预知天气非常寒冷，夜间要给植物保暖，可移到避风处，靠近房屋墙壁或用布遮盖，这样可以防止根部被冻伤。

虽然大多数植物此时都处于休眠状态，但要检查常绿树等是否出现了枯萎的迹象。如果有枯萎的迹象，应适量浇水。

可以去花卉中心和苗圃购买仙客来、三色堇和帚石南等冬季观赏植物。

可以开始计划、设计来年的盆栽组合方案。

修整植物

盆栽植物与露天花园中生长的植物一样，都需要悉心照料。修剪枝条和摘除残花是保持植物美观的首要任务。

修剪枝条

剪枝可以控制植株形状大小。种植了多年的常绿灌木，如黄杨和月桂，可以稍作修剪。修剪这类植物的最佳时间是春季和夏季。柔软的新生枝叶用园艺剪即可，粗壮坚硬的茎干需要用修枝剪。如果发现有死亡、生病、损坏的枝干，要及时去除，保持植物整洁、健康。

摘除残花

摘掉凋谢、枯萎的花，能让植物下次开花量暴增，避免消耗过多营养来结子儿，还能让植物保持美观。只需掐掉或者用剪刀剪掉花朵即可。大多数的花坛植物，如天竺葵和矮牵牛，摘除残花后都会生长得更好。多年生草本植物也是如此，如矾根、羽扇豆、秋英、双距花和大丽花等。

清理草本植物

草本植物给盆栽组合带来了羽毛般的质感，但枯草也会堆积在盆里。这会影响新草的长势，看起来也不整洁。可用手将老叶拔出。草叶边可能坚硬、尖锐，应戴上园艺手套保护双手。较老的植物可能需要用剪刀来处理。

支架支撑

生长在盆中的植物，尤其种植矮生变种，通常不需要支架支撑，但较高的植物，如飞燕草、大丽花、羽扇豆、蓍草，可以在枝条旁搭一些支架，防止茎干弯曲甚至折断。我喜欢用自锁式扎带和细竹竿搭支架，可以将其涂成绿色，这样就不那么扎眼了，也可以使用细绳或草绳。

防寒越冬

大多数盆栽植物都是转瞬即逝的一年生植物或不耐寒的多年生植物，夏季过后就可以拔除、扔掉。不过，一些多年生植物和长在盆中的多年生乔木、灌木可以越冬，再享受一年时光。

帮助多年生植物越冬

有些园丁在观赏季结束后就把花盆里的多年生植物拔除、扔掉，而另一些园丁则把它们移栽到花园里，第二年在盆中再重新种上新的多年生植物。盆栽植物越冬时需要多一些照顾，因为盆栽植物的根很容易受冻。如果根部冻伤了，那么植物就会死亡。

要度过严寒，可将盆栽植物移到靠近房屋墙壁的地方。在潮湿的天气里，把盆栽略加覆盖，让浸湿的培养土晾干一些，可以帮助植物保暖。如果有温室大棚或者门廊，也可以把盆栽植物放在那里越冬。或者，将盆栽套进一个大一些的花盆中，给根部增加一个额外的保温层。

为来年储存球根

水仙和葡萄风信子等植物的地下球根能储藏营养，以便年复一年地存活下去。把球根留在盆中，剪掉凋谢的花朵，避免植物结子儿。植物叶子变黄和枯萎时，应浇水、施肥、储藏一些营养，以便来年能开出美丽的花。也可以将大丽花的块根从盆中取出，放在阴凉干燥的地方自然晾干，来年可再次种植。

能越冬的多年生植物

表中包括了可以安稳过冬、在盆中存活到来年的多年生植物——不完全详尽，仅提供参考。		
	西洋蓍草（丝叶蓍）	矾根
	风铃草	鼠尾草（多年生植物）
	松果菊	景天属植物
	蕨类植物	石莲花属植物
	玉簪	黄水枝

防治病虫害

定期检查病虫害是植物保持健康、美观的重要防线。如果不迅速解决问题，病虫害轻易就能毁掉盆栽植物。下面讲讲盆栽植物最常见的病虫害，以及解决的办法。可能的话，建议先采取物理措施，如果无效，再求助于化学解决方案（如杀虫剂、农药和杀真菌剂）。如果不认识是什么病虫害，可以上网搜一下图片，帮助确认。

常见害虫

蚜虫（桃蚜、蚋）

大多数人对蚜虫都不陌生，在春季最早发现的通常就是蚜虫吸食植物汁液。它们在植物的嫩梢、花蕾或叶背吸取营养，导致植物生长畸形。蚜虫的口器还携带病毒，会导致植物生长停滞等更严重的问题。

解决方法 只要看到有蚜虫，应立刻用浇水管喷掉蚜虫。有机的解决方案是寻找蚜虫的天敌——瓢虫，放在受害的植物上，就可以控制住害虫。也可以引进其他捕食蚜虫的益虫，如草蛉和食蚜蝇（幼虫猎食蚜虫）。可以种植西洋蓍草、秋英、金盏花、茴香和柠檬香蜂草来吸引这些益虫。也可以用商业有机杀虫剂喷洒受害植株，或者用水稀释洗涤液进行喷洒。

蛞蝓、蜗牛

园丁最讨厌的敌人也许是蛞蝓和蜗牛，它们能快速地吞噬植物的幼苗。花盆也保护不了植物。蛞蝓和蜗牛在夜间进食，明显标志是叶子上会留下恐怖的洞，还有爬过时留下的黏液痕迹。

解决方法 用手捕杀蛞蝓，尽量不要使用杀虫颗粒和其他毒药。在盆栽花园里捕杀蛞蝓会比较容易。在傍晚、雨后检查花盆，发现蛞蝓就抓下来处理掉。蛞蝓经常会藏在盆底，要注意检查。也可以在花盆边贴上铜箔胶带，铜带与蛞蝓的黏液会发生反应并产生电流，就能驱赶蛞蝓。

葡萄象鼻虫

盆栽植物易受这种害虫的侵害。成虫吃植物的叶边，从春季至夏末最为活跃，但给盆栽植物造成最大伤害的是其白色无腿的幼虫。雌虫将卵产在盆土中，新生幼虫藏在盆中越冬，从秋天到来年春天都在啃食植物根系，会导致植物枯萎甚至死亡。

解决方法 春季、夏季时，在傍晚检查植物上是否有象鼻虫的成虫。最有效的控制方法是在幼虫出现时立刻杀死。可将寄生线虫引入盆土中。寄生线虫是一种微生物，会随液体进入培养土。它们以害虫为食物，也能自行繁殖。但可能需要多用几次才能成功。若想用化学药品，可以使用内吸杀虫剂来防治葡萄象鼻虫。

灰霉病

灰霉病是一种常见病害，在潮湿和通风不良的条件下产生。该病很容易在植物间传播。

解决方法 剪掉所有生病的枝叶，喷洒有机杀真菌剂。为了防止传染，把生病的植物和周围的植物隔离开。可能还需要剪掉过密的茎干。

叶斑病

春天和夏天，可能会在植物的叶子上发现彩色斑点，通常是棕色、黑色或黄色。这些斑点是由各种真菌引起的。潮湿的天气会加剧病变。

解决方法 剪掉生病的叶片，然后用有机杀真菌剂喷洒植物。修剪后，植物需要增加养分，可以补充液体肥或叶面肥。

白粉病

这种病的症状是叶子、嫩芽的表面生出白粉斑，有时也会危害植物的花。受害植株枝叶发育不良，不开花。病因也可能是浇水不足。

解决方法 保证植物周围空气流通，生长条件适宜。清除感染的枝叶。保证植物获得充足的水分。

根腐病

如果植物突然枯萎死亡，可能是土中真菌造成的。一旦根部腐烂，植物很难起死回生。

解决方法 使用新鲜的培养土，保证浇水时花盆能适时排水。

生理性病害

植物的许多问题并不是由病虫害引起的，而是由不适宜的环境条件引起的，如寒冷天气、气温骤变、浇水过多或不足。这些情况都会导致叶子变色、掉落，植物更容易受到疾病的侵害。最好的解决方法是尽可能地照顾好植物，密切注意浇水和施肥情况，避免受严寒、酷暑、潮湿等不利因素的影响。

一分预防胜于十二分治疗

下面是一些保持植物健康的小窍门，首要任务就是预防植物虫害。

在花卉中心或苗圃购买植物之前，仔细检查植物的叶子和根系是否健康。如果允许，可将植物从花盆中取出来检查。

选择抗病栽培品种。

栽种前要彻底清洁容器。

使用优质培养土，让植物有一个最好的开始。

定期给植物浇水、施肥，这样植物才会保持健康，不易生病。

保持良好的卫生状况，随时清除枯死、损伤或生病的枝叶。此外，定期清扫地板、阳台或屋顶花园，以免滋生害虫和疾病。有条件的可用水管冲洗这些区域。

植物上盆后，一定要定期检查是否有病虫害的迹象。叶子背面也要检查。

种植方案

植物养护符号

种植难度等级

从1级到3级，这些叶子符号表示完成每个种植方案需要多少精力和能力，1级是针对园艺新手的简单方案，3级则需要花费更多的时间和精力。

种植季节

这些符号表示方案中植物的最佳种植季节。从左到右分别表示：春季、夏季、秋季、冬季。

光照量

这些符号标明花盆在花园里该摆放的位置。从左到右分别表示：全日照、半阴、全阴。

可食性

如果盆栽中的植物是可以食用的，比如香草植物，你会在页面上看到这个符号。

浇水量

这个水滴符号表示盆栽需要浇多少水。1滴为少量浇水，2滴为中量浇水，3滴为大量浇水。

施肥量

盆栽需要多久施一次肥。

锈色盆

一日方案

◊◊
中等难度

◌ ☼
春季到夏季

☼ ⌂
全日照、半阴

◊◊
中量浇水

✿
在生长季节每隔1～2周施一次通用肥料

　　我真的很喜欢粉色、红色系花朵搭配铜锌盆，娇嫩花朵与工业风的组合，给人带来一种充满强烈情绪的美感。

　　这个搭配非常迎合当下潮流，同样的植物若搭配其他花盆就会较为平淡乏味了。换成赤陶盆效果也同样好。把同色调的花盆和植物组合在一起，能创造出一个更为精致的作品，适合多种风格的花园。这个作品的焦点无疑是"普拉特黑"新西兰麻，紫黑色的叶子呈剑形，非常惹眼。酷暑里，这种结构新奇的植物会开出一簇簇橙色的花，花朵凋谢后长出蒴果。轮廓优美的新西兰麻长年都可观赏。春季，郁金香和风信子盛开。春花凋谢后，还有颜色艳丽、开串串小花的矾根陪衬。红色紫罗兰和花型美丽的花毛莨也在色彩上进行了点缀。总而言之，这是一个非常成熟的作品，能给任何户外空间增添美感。

如何组合

所需材料

1个镀锌大金属盆，直径约70厘米

1个锈色金属盆，直径约60厘米

2个陶盆（种植小型植物）

电钻（或锤子）、钉子（给容器打排水孔）

排水用瓦片

培养土

珍珠岩或蛭石（改善排水）

金属花架（可选）

所需植物

种在镀锌大金属盆中的植物

1 株"普拉特黑"新西兰麻

2 株"装饰派艺术"矾根

2 株"人间烟火"粉花黄水枝

种在锈色金属盆中的植物

3 株"甜蜜邀请"风信子

2 株"布朗普顿群"紫罗兰

1 株"拉诺克尔"花毛茛

2 株"杏桃佳人"郁金香

种在陶盆中的植物

1 株紫叶酢浆草——种在单独一个花盆中

1 株"人间烟火"粉花黄水枝——种在带花架的花盆中

1. 两个主花盆都是大盆，装满培养土再浇透水后会非常沉重。所以，我建议在种植前先把大花盆摆放在预计好的位置上。先从较大的金属花盆开始，在盆底的排水孔上盖几个瓦片，防止孔洞被盆土堵塞。若需要打孔，可以用电钻或锤子、钉子在盆底打一个或多个洞（见第32页）。

2. 用培养土填满花盆的三分之二，掺入一些珍珠岩或蛭石改善排水，将新西兰麻种在花盆中靠后位置。调整盆土的高度，保证植株土球的顶部略低于花盆的边缘。

3. 接下来种植矾根和黄水枝，将它们种在新西兰麻的前面，并保证3株植物的土球在同一高度。可能要再添些土把它们垫高一些。在植物周围添加少量的培养土，将株间空隙填满，然后轻轻压实。

4. 另一个金属盆可以重复上述种植步骤，但这次先将所有植物安排好位置，然后再填入培养土，以便查看最终呈现效果是否满意。我建议将较高大的风信子和紫罗兰稍稍靠后放，将花毛茛放在前排，向外伸出。

5. 最后，给两个小陶盆种上植物。小花盆的好处是便于移动，改变展示位置。给所有的花盆浇透水至自流排水。

后期养护——春末除掉新西兰麻的枯叶或坏叶，保证最佳的呈现效果。矾根的叶子会褪色、枯萎，应及时修剪老叶、枯叶，保持最佳的风貌。

夏日阳光

半日方案

◊◊
中等难度

◌ ☼
晚春到夏季

☼
全日照

◊◊
中量浇水

✂
在生长季节每2周施一次通用肥料

　　我用银莲花、风铃草、矮牵牛等简单的花朵打造了一个较为随性的盆栽，非常适合这个线条柔和的复古欧式镀锌金属盆。五彩缤纷的盆栽是我很少选用的，但方案中所用花卉呈现出的效果很好。我选用了鲜红色的金鱼草和樱粉色的大丽花，大家也可以自由选择植物进行尝试。第卡系列单瓣银莲花特别鲜艳，在晚春时节盛开，颜色绚丽多姿。这些植物都喜欢湿润但排水良好的土壤。因此，我喜欢栽种时加几把碎石，改善排水状况。虞美人是一种迷人的植物，总是让我想起漫长的夏日。一年生植物冰岛虞美人开花早，花量大，在全日照或半阴环境下都能绽放。我还选了"通贝丽娜·苏珊娜"，这是一种美丽的蓝色重瓣匍匐矮牵牛，整个夏天会沿着盆缘攀爬，层层叠叠地开花。

开始组合

所需材料

1个欧式镀锌褶皱纹路金属盆，盆高90~120厘米，直径约60厘米

排水用瓦片

砾石、园艺沙、珍珠岩或蛭石（改善排水）

培养土

所需植物

1 株"康沃尔薄雾"风铃草

1 株红色金鱼草

1 株第卡系列单瓣银莲花

1 株圣塔伯力达系列蓝色半重瓣银莲花

1 株"粉红"大丽花

1 株"瑞宝"大丽花

1 株花园侏儒系列冰岛虞美人

1 株春季热系列冰岛虞美人

1 株"通贝丽娜·苏珊娜"匍匐矮牵牛

1. 金属盆装满培养土、浇透水后会变得非常重，因此应在种植前先把花盆摆在计划好的位置上。

2. 在盆底垫上一些排水用瓦片，用培养土填满花盆的三分之二。掺入几把碎石、蛭石，改善排水状况。这是个较随性的组合盆栽，可以按自己的喜好安排植物的位置，但我建议先把高株植物风铃草种在盆中间。可根据需要添加或移除盆土以调整高度，保证植株土球的顶部低于盆边2~3厘米。

3. 盆栽可以从四面观赏，所以较矮小的植物要沿盆边栽种，将风铃草与其他植物围在中间，避免被高株植物遮挡住。把矮牵牛种在盆边，让它垂吊在盆外。

4. 检查所有植株的土球是否都在同一高度，避免小型植物的根系堵住排水孔。

5. 用培养土将株间空隙填满，然后轻轻压实。给花盆浇透水至自流排水。

后期养护——定期给矮牵牛、金鱼草和大丽花摘除残花，以提高花量，延长观赏期。

小贴士——你可能会对完成的作品爱护有加，害怕破坏盆栽造型，但是一年生植物冰岛虞美人的花朵可以剪下来插入花瓶，只需用沸水把剪下来的花茎切口烫一下就可以了。

春季盆栽

中等难度

晚春到夏季

全日照、半阴

中量或大量浇水

在生长季节每隔1~2周施一次通用肥料

　　只有一个小院子或者户外平台，又或者只是门外有一小块空地，也可用一些盆栽打造出一个小花园。这个方案选择了3种不同材质的花盆，但它们的色调相似，相互协调，组成一个随性风格的组合。春末夏初是最佳观赏期，绣球的花期可以延续到夏末。

　　绣球是理想的盆栽植物，在半阴环境中也能茁壮成长，而且花量大、花色美、花期长。秋冬时节，虽然花朵已经凋谢褪色，但看起来仍然很美，颇像作旧的花布。不过要注意，绣球需要充足的水分，否则看起来蔫头耷脑的。漂亮的蓝色婆婆纳也会开到夏末，延长了盆栽的观赏期。花朵凋谢后，可以用其他一年生植物替换，填补空缺。

开始组合

所需材料

1个藤制大花盆（如旧藤条筐），直径60~90厘米

1个塑料花盆（大小适合套进藤制花盆中）

1个石罐或类似材质的花盆，直径约60厘米

1个灰色高盆，直径40~60厘米

电钻或锤子、钉子（给容器打排水孔）

排水用瓦片

培养土

珍珠岩或蛭石（改善排水）

所需植物

种在藤制花盆中的植物（红、粉色系花卉）

1 株"粉玫瑰"杜鹃

1 株"粉紫"欧耧斗菜

1 株粉色虎耳草

种在石罐中的植物（白色系花卉）

1 株铁筷子

1 株拖把头形绣球

1 株白色虎耳草

种在灰色高盆中的植物（蓝、紫色系花卉）

1 株欧耧斗菜

1 株拖把头形绣球

1 株渐变葡萄风信子

2 株球花报春

1 株"乔治亚蓝"阴地婆婆纳

1. 这个作品需要给3个盆种上植物，因此建议用一天的时间来完成所有工作。可以按照喜欢的顺序挨个上盆。塑料套盆的底部应有排水孔。若没有，可以像我一样，用电钻或锤子、钉子在盆底打一个孔（见第32页）。在盆底垫上一些排水用瓦片。

2. 用培养土填满花盆的三分之二，掺入一些珍珠岩或蛭石改善排水，将最大的植株——杜鹃花种在花盆靠后位置。根据需要添加或减少盆土，调整高度，保证植株土球的顶部略低于花盆边缘。接着，在杜鹃旁边种上欧耧斗菜和虎耳草，保证所有植株的土球在同一高度。

3. 用培养土将植株间空隙填满，然后轻轻压实。

4. 用同样的方法完成石罐和高盆组合（但不需要用塑料套盆）。先将植物放花盆中摆一摆，查看呈现效果后再正式种植。

5. 将所有花盆摆放好，浇透水至自流排水。

后期养护——种好的绣球可在冬末春初剪枝。将底部最老的茎剪掉一两枝，促进新枝生长。可以将绣球残花摘除，但冬季最好将其留在植株上，给下方长出的新芽提供一定的防冻保护。

小贴士——在花卉市场或网店可以买到绣球专用复合肥，加水稀释后施用，让绣球保持绚丽的蓝色。

球形吊篮

◊◊◊
高难度

❀ ☀
晚春到夏季

☀
全日照

◊◊◊
中量浇水或大量浇水

✿
在生长季节每周施用一次通用肥料

近年来，吊篮盆栽不再风靡，但如果想给户外空间增添一抹夏日色彩，吊篮依旧是理想之选。如果只有一个小阳台或小院子，这种由两个吊篮（组合方法见第37页）组合而成的球型吊篮，既能充分利用空间，又能收获人们的赞叹和好奇。在种植之前，我给篮子喷了漆，你也可以保持吊篮原有的金属色。

这个种植方案精美简洁，非常适合使用小球吊篮，效果整齐而清爽。制作3个球型吊篮（奇数组合会更赏心悦目），挂在不同的高度上，效果最好。要避免像常规种植那样在吊篮里挤很多植物，而应尽量保持简单。我选择将一种特别的橙红色一串红和"粉红艾米莉"小丽花（一种整个夏天都会开花的植物）、阿波罗系列秋英组合在一起。一串红是一种田园风格的美丽植物，羽毛状的叶子为吊篮增添了别样的风情。

开始组合

所需材料

2个金属吊篮

喷漆

报纸

苔藓

黑色园艺垫布（用作吊篮下半部分的衬垫）

剪刀

培养土

电线剪或电线钳

镀锌金属线，直径1毫米（用于固定吊篮）

S形挂钩，金属链（用于悬挂球形吊篮）

所需植物

1 株阿波罗系列"情歌"粉色渐变秋英

1 株"粉色艾米莉"小丽花

1 株橙红色一串红

1. 在户外或通风良好的空间里，给两个吊篮喷上油漆，等其自然晾干后再开始种植。喷漆时在工作台上垫几张报纸。

2. 首先，在球形吊篮的下半部分垫上隔布或隔网，防止培养土外漏。然后在篮底垫上大片的苔藓，把黑色园艺垫布剪成圆形，打上几个排水孔，衬在苔藓里面。

3. 在篮内装上一半的培养土，用手轻轻压实。

4. 在篮里摆放植物：在每个吊篮里种上秋英、小丽花和一串红，用土埋住植物根部。在植物周围继续添加培养土，将株间空隙填满。我用的都是直立生长的植物，所以不会像常规的吊篮盆栽那样边缘有垂挂下来的植物。

5. 把吊篮的上半部分小心地扣在植物上，通过篮子的缝隙整理花和叶子，让植物尽量均匀地分布在篮内。

6. 用电线剪或电线钳将铁丝剪短，捆绑吊篮。在两个半球的连接处缠绕铁丝，进行固定。建议用4根铁丝在球的等距离位置进行固定。

7. 用S形挂钩和金属链将吊篮挂起来，然后给吊篮浇透水，并让其自流排水。

后期养护——一串红、小丽花和秋英都
需要定期摘剪开败的残花，延长花期、
增加开花量。

普罗旺斯色彩

即使在繁忙的都市里，也可以用柔和的普罗旺斯色调来打造一个美丽的空间。淡紫色、丁香色、白色的花朵，能让人心情平静，释放压力。这个种植方案里有两种不同类型的薰衣草，所以充满令人陶醉的香味，在浇水时尤其浓郁。我为这个组合选择了锌合金的大花盆，锌制花盆柔和的灰色和植物的色调相得益彰。"卡尔福斯特"拂子茅在初夏时开出米黄色的蓬松花，到了秋天就变成金黄色。拂子茅的茎叶形成一个优雅的拱形，微风吹来时，会带来柳条般的摇曳动感。我还用了大型的石笼网箱作为花盆，因为我喜欢鹅卵石营造出的自然风貌。有一个花盆中栽种了"蓝褶"薄叶海桐，一种高大威武的植物，有漂亮的叶子、深色的茎。盆栽组合别致醒目，元素丰富，高低错落有层次。石笼带来了不一样的美妙感受，拂子茅、鹅卵石使人感觉仿佛置身于海滨，在海滩上悠闲地漫步。无比惬意！

开始组合

所需材料

3个锌合金大花盆，每个直径60～90厘米

1个大石笼网箱，边长60厘米

1个塑料花盆（大小适合套进石笼中）

排水用瓦片

砾石、园艺沙、珍珠岩或蛭石（改善排水）

培养土

鹅卵石

所需植物

1 株薰衣草

1 株风铃草

3 株白色金鱼草

2 株"卡尔福斯特"拂子茅

2 株"卡拉多纳"林荫鼠尾草

1 株白色大丽花

1 株"小妇人"矮生薰衣草

1 株白色拖把头形绣球

1 株"蓝褶"薄叶海桐

1. 先确定每个锌合金盆中要种的植物。本方案中用的紫红色、淡紫色和白色花卉植物，也可按照自己的喜好对植物进行分组和搭配。紫色主题的花盆中，薰衣草、风铃草、林荫鼠尾草和金鱼草组合在一起，而拂子茅和"小妇人"薰衣草种在另一个花盆中。白色主题的花盆里种的是林荫鼠尾草、绣球和金鱼草。在石笼网箱里种的是海桐。

2. 在每个锌合金盆底的排水孔上盖几个瓦片，防止孔洞被盆土堵塞。本方案里都是大型花盆，所以要添几把碎石或其他合适的材料，改善排水状况。

3. 给第一个盆填上三分之二的培养土。先种最大株的植物，然后再种其他植株，逐步完成盆栽作品。把植物放进盆中，根据需求调整盆土的高度，让植株土球的顶部略低于花盆的边缘。

4. 继续栽种其他植物，保证所有植株的土球都放置在同一高度。用培养土将植株间空隙填满，然后轻轻压实。

5. 按上述步骤依次完成其他花盆的种植，浇透水并让其自流排水。

6. 种石笼网箱时，全部完成后花盆会非常重，所以应在种植之前就把套盆安置到石笼中。这个套盆的尺寸要刚好适合套进石笼中。把套盆放进石笼后，在盆周围填满美丽的鹅卵石。把海桐种在大塑料套盆中。

后期养护——*初春时修剪拂子茅，能促进新枝健康成长，增加花量。初秋时给薰衣草剪枝，接下来的季节就能长得更好。*

小贴士——*在小花园里，我还摆放了一张水泥桌和几个铁丝网制成的筐形凳子，供娱乐休闲用。如果将该盆栽组合与结构别致的球形吊篮搭配在一起，现代感十足，可营造出一种轻松的夏日氛围。*

门廊花槽

中等难度

晚春到夏季

全日照、半阴

中量浇水

在生长季节每2周施一次通用肥料

　　装饰巧妙的大门入口能让整个房屋瞬间焕然一新，欢迎主人的归来和客人的到访。本方案使用较为常规的花槽，但选择了轻松活泼的植物来柔化花槽方方正正的形状。每个花槽中的植物是大致对称种植的。我把花槽漆成了深蓝色的亮面，衬托着鲜艳的花朵显得格外耀眼。紫叶茴香，呈深紫色，带有芳香，枝干直立，叶片密集，为盆栽增添了一丝神秘感。

开始组合

所需材料

2个长方形花槽，长45~60厘米，高约45厘米

深蓝色亮光漆

大油漆刷子

排水用瓦片

培养土

所需植物

2 株紫叶茴香

4 株粉色金鱼草

2 株"露丝·巴洛"欧楼斗菜

2 株"拉维拉"粉色大丽花

2 株深粉色紫菀

2 株深粉色"陀螺"蓝眼菊

2 株甜妞系列"黑色锦缎"矮牵牛

1. 首先彻底清洁花槽外部（见第32页）。外部洁净、光滑，才能让亮光漆牢固附着在表面。给每个花槽涂两层漆，第一层漆干后再涂第二层。花槽内不需要涂漆，也可以涂一下槽内上部分，因为其余部分会被盆土埋住。

2. 在槽底垫一些排水用瓦片，用培养土填满花槽的三分之二。

3. 先把紫叶茴香种在第一个花槽里中间靠后的位置。根据需要添加或减少盆土，调整高度，保证植株土球的顶部低于盆边2～3厘米。在植物周围继续添加培养土，然后在茴香左右两边种植粉色金鱼草，完成这个盆栽组合。

4. 在茴香后面种上欧楼斗菜，再次确认所有植株的土球在同一高度。

5. 在花槽中间靠前的位置，种上粉色大丽花。大丽花种在花槽中间会非常抢眼。

6. 继续种上其余植物，用土填满植株间空隙，然后在盆前边缘位置种上矮牵牛。

7. 用培养土填满植株间空隙，然后轻轻压实。另一个花槽也按上述步骤进行种植，两个花槽里的植物位置尽量保持对称。

8. 给所有的花盆浇透水至自流排水。

后期养护——定期给矮牵牛、大丽花摘除残花，可增加开花量，保证整个夏天都能持续开花。

小贴士——如果不想让欧楼斗菜在花园或盆中结子儿，可以去除其种穗。也可以将种子保留，在下一年栽种更多的欧楼斗菜。

珊瑚橘色花盆

低难度

晚春到夏季

全日照

中量或大量浇水

在生长季节每2周施一次通用肥料

珊瑚橘是色彩权威机构"潘通"发布的2019年的流行色。花槽漆上这种充满活力的颜色，在柔和的灰色背墙衬托下，看起来令人惊叹。也可以用当下流行的颜色，会显得更时尚。放花盆的长椅也涂上了同背景墙一样的浅灰色，整体效果精致又现代。

植物以粉色和深紫色两种颜色为主，与花盆的外观相辅相成，但又不会喧宾夺主。灰姑娘系列紫罗兰开出的花呈浅粉色，花期长，带有迷人香气，是晚春的必种之品；而红叶海石竹的粉色花朵在红铜色的枝叶衬托下更为艳丽。这是一种多年生常绿植物，就算花期结束，引人注目的枝叶也会继续增添色彩。"黑蔓"牵牛的紫黑色叶子层层叠叠地覆盖在花盆两侧，与花槽的珊瑚橘色形成鲜明对比，极具装饰性。

开始组合

所需材料

2个长方形花槽，长45～60厘米，高约45厘米

排水用瓦片

培养土

所需植物

4 株灰姑娘系列紫罗兰

4 株"阿波罗情歌"粉色渐变秋英

2 株"黑蔓"牵牛

2 株红叶海石竹

1. 在盆底垫一些排水用瓦片，用培养土填满花盆的三分之二。

2. 先种较大的植物——紫罗兰和秋英。将植物摆放在花盆中，确认最终呈现效果后再种植。2个花槽中，每种植物都栽种了2株，从前向后交替布置。根据需要添加或减少盆土，调整高度，保证植株土球的顶部低于盆边2～3厘米。

3. 深色叶片的植物要安排在花槽前排，和珊瑚橘相互交映。在大型植物前面种上牵牛和海石竹，再次检查植物高度是否一致。

4. 用培养土将植株间空隙填满，然后轻轻压实。另一个槽重复上述步骤。

5. 给所有的花盆浇透水至自流排水。

后期养护——将植物的残花都去除，可
促二次开花。

红花盆栽

一日方案

◊◊
中等难度

⬠ ☼
晚春到夏末

☼ ⌂
全日照、半阴

◊◊
中量浇水

✿
在生长季节每周施一次通用肥料

这个方案里的植物给人一种乡村花园的复古感，只不过规模要小一些。红色、紫色和粉红色花卉的组合非常和谐。外观简朴的花盆，是用一个回收的废旧木条箱做成的。红中带粉的羽扇豆是盆栽的亮点，尖顶形的花序与旁边的菊科花卉形成鲜明对比。南非万寿菊耐高温，最适合养在阳光明媚的地方。花之力系列红色品种的颜色浓烈，而且株形紧凑，非常适合在花盆中种植。我还选择了"恩伯的愿望"鼠尾草。花朵呈珊瑚红色，叶子呈浅橄榄绿，花期长达整个夏季。在露天花园中种植鼠尾草这样的高株植物时，可能需要搭一些支架，种在花盆中则可以由周围的植物给予支撑。"黑色巴洛"欧楼斗菜拥有诱人的紫黑色花朵，以及精美的叶子，深得我心。深色的花朵独具风情，是我的最爱。丛生植物"罗马"大星芹的花朵呈伞状，颜色缤纷如棉花糖一般。它们在晚春时节开花，只要保证足够的阳光，就能呈现出完整的色彩。大星芹的花期是从晚春到夏末，而美女樱的红色花朵会持续开到初秋。

开始组合

所需材料

1个回收的蔬果木条箱，50厘米×40厘米×30厘米

电钻或锤子、钉子（给容器打排水孔）

黑色塑料布（用作垫布，可选）

打钉枪、钉子（可选）

排水用瓦片

培养土

所需植物

2 株画廊系列红色羽扇豆

1 株"恩伯的愿望"红花鼠尾草

1 株"罗马"大星芹

1 株"黑色巴洛"欧耧斗菜

1 株圣塔伯力达系列红色半重瓣银莲花

1 株花之力系列红色南非万寿菊

1 株"茉莉·桑德森"黑花三色堇

1 株莱纳系列猩红色美女樱

1. 种植所用花盆是回收利用的蔬果箱，需要在底部打几个排水孔，可以用电钻或锤子、钉子来打孔（见第32页）。在箱里垫上黑色塑料布，防止木头腐烂，而且塑料布上也要打几个排水孔。

2. 在箱底垫一些排水用瓦片，用培养土填满木箱的三分之二。先在木箱中确定好羽扇豆的种植位置，因为它是方案中的焦点植物。盆中种了2株羽扇豆，注意保持间距，也可以根据花盆的大小多种几株。根据需要添加或减少盆土，调整高度，保证植株土球的顶部低于盆边2～3厘米。

3. 在2株羽扇豆周围种植其他高大、直立的植物：鼠尾草、大星芹和欧耧斗菜，保证所有植株的土球在同一高度。

4. 在主要植物之间的空隙里种上较矮的植物：银莲花、南非万寿菊、三色堇和美女樱。这样可以让植物显得比较紧凑，营造出一种丰满的感觉。

5. 用培养土将植株间空隙填满，然后轻轻压实。

6. 将木箱挪至指定位置，浇透水并让其自流排水。

后期养护——养护的诀窍就是定期修剪枝叶，突出宝石般红艳艳的花朵。鼠尾草和南非万寿菊要定期摘除残花，促二次开花。

柔色三重奏

中等难度

晚春到夏季

全日照、半阴

中量浇水

在生长季节每周施一次通用肥料

即使只有一个小庭院或者露台，也可以种植几个大型盆栽，打造一个迷你花园。本方案用了三个柔和色调的大花盆，在花盆里种上颜色娇艳的花朵，营造一种自然主义风格。

"白色间歇泉"山桃草的茎直立、细长，给本方案增添了一种可爱的灵动感。山桃草的花朵富含花蜜，是蜜蜂的最爱。我还选择了两个品种的倒挂金钟，花期长、呈现效果好，种在花盆中或者夏季的花坛里，都是不错的。我特别喜欢"安娜贝尔"倒挂金钟。这是一个蔓生品种，花朵重瓣，镶嵌在浅绿色的叶子上，乳白到淡粉的渐变色调非常迷人，花期能持续整个夏季，直到秋季才结束。这种倒挂金钟是半耐寒的落叶灌木，花谢后，

笔直的枝叶也很具观赏性。匍匐型的"快乐婚礼"倒挂金钟，花朵白中带粉，花瓣褶皱带有特殊红色斑纹。与银旋花的银叶、白花搭配在一起，显得十分醒目。

勋章菊为头状花序，有红、粉、橙和铜等色。天阴时花朵会闭合，太阳一出会再次开放。"天使羽翼"大叶银叶菊的花朵没那么艳丽，但叶形巨大如翼，又像一片片银色天鹅绒，非常引人注目。虽然黄色小花朵夏天会凋谢，但全年都值得观赏。"黑法师"是一种常绿的莲花掌属多肉植物，叶子呈深紫黑色，具异国风情，但是它不耐寒。可以将花盆放在阳光充足的地方，但盆中的玉簪需要半阴环境，所以要将玉簪种在其他植物下面。

开始组合

所需材料

2个镀锌金属大盆，高约60厘米，直径约50厘米

1个镀锌金属中型盆，高约45厘米，直径约40厘米

淡粉色哑光喷漆（用于两个大花盆）

电钻或锤子、钉子（给容器打排水孔）

排水用瓦片

培养土

珍珠岩或蛭石（改善排水）

所需植物

1 株欧刺柏

5 株"白色间歇泉"山桃草

1 株"翠鸟"玉簪

3 株"安娜贝尔"倒挂金钟

3 株"快乐婚礼"倒挂金钟

1 株"黑法师"莲花掌

1 株银旋花

3 株黎明系列粉色勋章菊

1 株银叶麦杆菊

1 株"天使羽翼"大叶银叶菊

1. 首先彻底清洁花盆外部，并彻底晾干。

2. 在户外或通风良好的地方，给花盆喷上油漆，并自然晾干。喷漆时在工作台上垫几张报纸。

3. 在花盆底部放一些瓦片盖住排水孔。若没有排水孔，用电钻或锤子、钉子在盆底打一些排水孔洞（见第32页）。

4. 每个盆内填上三分之二的培养土。有一些植物喜欢湿润但透水性好的土壤，所以应在培养土里掺入一些蛭石。

5. 根据喜好随意分配3个花盆里的植物。建议将欧刺柏作为其中一个盆的焦点植物，并且将山桃草、倒挂金钟、勋章菊分别种在3个盆中。

6. 先种中间位置的植物：欧刺柏、山桃草和玉簪，保证植株土球的顶部低于盆边2~3厘米。根据需要，调整培养土的高度。

7. 将倒挂金钟种在靠前的位置，让可爱的花朵能顺着盆边垂吊下来。再次检查植物土球是否在同一高度。

8. 继续添土，将植株间空隙填满，然后轻轻压实。

9. 放置好所有花盆，浇透水并自流排水。

后期养护——倒挂金钟在全日照或者半阴环境下都能适应，不过应尽量避免午后阳光直射。给银叶麦秆菊剪枝，保持外形。也可剪掉长势不好的花朵。摘除残花、枯花，可延长花期。秋季给银旋花剪枝，促进枝叶生长。秋季花期结束后给山桃草剪枝。如果花期过后，想保留"安娜贝尔"倒挂金钟作为灌木观赏，冬季来临时要做好保暖措施，抵御猛烈、干燥的寒风。除了非常温暖的地区，冬季要为大叶银叶菊做好防霜冻措施。莲花掌可以户外种植，但冬季不能养在室外，在温度低于10℃的地方无法生存。可以移栽入新盆中，搬入屋内作为室内观赏植物。

小贴士——勋章菊是"招蜂引蝶"的利器。倒挂金钟要定期施肥才长得好。高钾肥料有助于增加开花量。在严重霜冻天气来临前，将大叶银叶菊移入单独的花盆中，搬入室内。整个冬季都要放在室内光照充足的地方，尽可能少浇水。

墙角花架

低难度

晚春到夏季

全日照

中量浇水或大量浇水

在生长季节每2周施一次通用肥料

　　用花架摆放盆栽是一种很实用的方法，尤其适用于小空间。充分利用垂直空间，就能在狭窄的区域里尽可能多地拥有植物。本方案里使用了不同类型的花盆混合搭配，里面的亮点是美丽的陶艺传统花盆。这两个花盆由陶土制成，透气性强、保水性好。深绿色的花盆，为黑色、粉色的植物奠定了暗黑风格的基调。"莱斯特主教"大丽花精致的淡紫色花瓣中间带有深色的纹路，花期可一直持续到初秋，非常讨人喜欢。而牵牛和大丽花的紫黑色叶子是这个方案的关键，能让人眼前一亮。

开始组合

所需材料

1个盆栽花架

不同材质的花盆，如陶上盆、
金属盆或者石制盆

排水用瓦片

培养土

所需植物

1 株黑叶大丽花

1 株"莱斯特主教"大丽花

1 株"黑蔓"牵牛

1 株甜妞系列"黑色锦缎"
  矮牵牛

1. 确定每个盆里要种的植物。在上盆之前，可先把带育苗杯的植物摆到花架上看看效果。

2. 先种第一个花盆。在盆底铺一些碎瓦片，防止排水孔被盆土堵塞。给花盆填上三分之二的培养土。

3. 将选好的植株放置盆中，检查种植深度，保证土球的顶部低于盆边2~3厘米。根据需要添加或减少盆土，调整高度。

4. 加土填满植株和容器之间、植株之间的空隙，用手轻轻压实。

5. 用同样的方法继续种好其他植株，然后将盆搬到花架上，浇透水并让其自流排水。

后期养护——定期给植物摘除残花，可增加花量，也能让植物看起来更整洁。

小贴士——在每个花盆底部放置一个圆形托盘，盛接排水，保护花架。托盘可使用家里的旧器具，如老旧的碟子或盛菜的大浅盘。

香豌豆花槽

〇〇〇
高难度

☼
夏季

☼
全日照

◊◊◊
中量浇水或大量浇水

✿
在生长季节每2周施一次通用
肥料

　　如果你有一大面墙或栅栏，可以用攀缘植物来装饰。本方案里，我在灰色的花槽中种植"博尔顿夫人"杏仁粉色香豌豆，用粉色泡沫般的花朵打造出一面浪漫的植物背景墙。香豌豆那醉人的香味是夏天的代名词，花也可以做成室内插花。支撑甜豌豆的金属网格爬藤架可以使用商店网格货架，网上能买到，相对比较便宜。如果喜欢现代的、有设计感的爬藤架，可以找那些专门为园艺制作的网格爬藤架，价格会贵一些。我还在盆中种上了金鱼草、双距花和松果菊——花朵虽然都是粉色调，但深浅不一，与花盆的灰色搭配起来非常漂亮，是夏季的绝佳景色。"钻石"浅粉色双距花是一种非常优秀的直立植物，花量大、花色粉红、花形精致，非常适合种植在花盆和吊篮里。

开始组合

所需材料

1个灰色金属花槽，70厘米×50厘米×30厘米

1个铁丝网格爬藤架（网格货架），高6米、宽60厘米，用于支撑香豌豆

2~4根大钉子（固定爬藤架）

电钻或锤子、钉子（给容器打排水孔）

排水用瓦片

培养土

园艺用固定扣环、麻绳，用于捆绑香豌豆（可选）

所需植物

5株"博尔顿夫人"杏仁粉色香豌豆

5株"苹果花"金鱼草

1株"钻石"浅粉色双距花

2株"至尊甜瓜"松果菊

3株橘粉色美女樱

1. 将花槽靠墙壁或栅栏放置。检查花槽是否有排水孔。如果没有，可以用电钻或锤子、钉子给花槽打孔（见第32页）。用碎瓦片盖住排水孔。

2. 将给香豌豆藤准备的网格爬藤架钉在墙上或栅栏上，架子底部与花槽顶部大致同高。

3. 花槽内填上三分之二的培养土，然后将5株香豌豆沿着墙边栽种，这样它们就能顺着网格架往上攀爬。虽然香豌豆会将卷须缠绕在爬架上，自己往上攀爬，但最好给一些外力帮助它穿过爬架上的网格，用环扣、麻绳等固定豆藤。根据需要添加或减少盆土，调整高度，保证植株土球的顶部低于盆边2~3厘米。

4. 继续种上其余植物。把松果菊种在花槽的两端（贴着爬架两侧边缘种植），在前排种上双距花和金鱼草，作为装饰。

5. 用培养土将植株间空隙填满，然后轻轻压实。给花槽浇透水并让其自流排水。

后期养护——香豌豆新芽攀爬网格架时，藤蔓会朝外伸展，很容易折断，因此要不断绑扎新长出的芽。甜豌豆不喜欢干透的土壤，尤其是种在花盆里时，所以浇水时要保证浇透。在炎热干燥的天气里要每天浇水。尽快摘除香豌豆的残花，这点对一年生的"博尔顿夫人"香豌豆特别重要，如果任由它结子儿，花量就会减少。

小贴士——如果喜欢香豌豆的花香，想尝试不同的品种，一定要选择一年生的，因为一年生品种的香味比多年生的更浓郁。香豌豆的花剪得越多，长得就越多。所以，可剪一些插进花瓶里，在室内享受它们的芬芳。

草类盆栽

半日方案

〔 〔 中等难度

☼ 夏季

☼ 全日照

◌ ◌ 少量浇水或中量浇水

✂ 在春季施通用肥料

　　参观了奥林匹克公园后，我就很想在家里打造一个野生草甸花园，如果家里只能养盆栽，这可绝非易事。幸运的是，我找到一家销售含有野花种子的缀花草皮的公司，能帮我打造一个漂亮的野花组合。缀花草皮很容易种活，含草量非常低（只有1%），因为如果草量过多，很快就会吞没多年生花卉。并且，小型草皮植物是使用特殊的基质培育的，只需将草皮剪成适合花盆的大小，铺进花盆即可。也可以买种子自己播种，但有时效果不一定很好。

　　我选择的是夏季开花的草皮，能开出粉色、白色、蓝色还有黄色的野花。我特别喜欢德国紫花石竹的鲜粉色花朵和蓝蓟那尖尖的紫蓝色花穗，香味也很受蜜蜂喜爱。西洋蓍草在夏季会开小小的、奶油色或粉红色的花朵，羽状叶片也引人注目，带来一丝可爱的感觉。野花盆栽深受蜜蜂、蝴蝶等的欢迎，它们常常会来花园"拜访"。

开始组合

所需材料	所需植物
	草皮里含有的植物
2个石制大花盆，每个直径45~60厘米	普通西洋蓍草（丝叶蓍）
排水用瓦片	德国紫花石竹
园土	蓝蓟
花园堆肥或培养土	长叶羊茅
砾石、园艺沙、珍珠岩或蛭石（改善排水）	蓬子菜
自行购买的缀花草皮	柳穿鱼
尺子	黄花九轮草
园艺刀或尖头剪刀	草甸毛茛

1. 在花盆底部铺一些瓦片，盖住排水孔。

2. 野花喜欢较贫瘠的土壤，因此最好用普通土与少量花园堆肥或者培养土混合，给植物提供一个良好的开端。野花植物需要排水良好的土壤，所以可在培养土中加入一些碎砾石，改善排水。

3. 继续填土至距盆边缘约5厘米的位置。草皮基质不是很厚，因此要放在靠近盆面的位置。

4. 测量第一个花盆的直径，然后将草皮基质切成稍微小一点的尺寸，这样更容易嵌进花盆里。

5. 将草皮轻轻放入盆中，注意不要损伤草皮上的植物。检查盆土是否足够平整，并根据需要添加或减少培养土。向下轻压草皮，使植物的根部接触到盆中的培养土。

6. 按上述步骤依次种好另一个花盆，浇透水并让其自流排水。

后期养护——西洋蓍草、德国紫花石竹、蓝蓟、草甸毛茛要定期摘除残花，可增加花量。黄花九轮草和柳穿鱼也要定期摘除残花，以防止四处繁殖，成为入侵物种。

小贴士——西洋蓍草的花头可以剪下来，放在室内晒干，制成干花。野花盆栽别浇水过多。

粉色与黑色的组合

一日方案

低难度

夏季

全日照

中量浇水

在生长季节每2周施一次通用肥料

　　这是一个十分美观的组合。淡粉色花盆和牵牛的叶子颜色和谐完美，而盆身柔和的曲线又与心形的叶片相互呼应。花盆由赤陶土制成，用淡粉石灰涂料上色。这是一种专门用于外墙的天然涂料，既透气，又能保护陶盆，效果非常好。而且，新旧花盆都可以直接上色。牵牛是很棒的盆栽植物，藤蔓可以搭在花盆边。这个栽培品种的叶子接近纯黑色。牵牛本身已经很完美了，不需要再添加其他植物。牵牛原产于温暖、炎热地区，所以不耐寒，通常种在气候温和的地方。将花盆摆放在温暖、阳光充足但又能遮阴的区域。此处庭院中有一个光线充足的角落，位置十分理想。

开始组合

所需材料

1个赤陶土花盆，直径约45厘米

淡粉色石灰涂料

大油漆刷子

3个花盆脚垫

排水用瓦片

培养土

所需植物

3 株"黑星"牵牛

1. 清洁花盆外部，并彻底晾干（见第32页）。涂漆时在工作台上垫几张报纸。

2. 给花盆外表涂上淡粉色涂料，花盆内不需要上漆，但可以在盆口涂一道2.5厘米宽的边儿，因为其余部分会被盆土埋住。赤陶土吸水性很强，耐心等待油漆干透。

3. 在花盆底部放一些瓦片，盖住排水孔。

4. 给花盆填上三分之二的培养土，然后将牵牛放置在盆土表面。3株牵牛可以按照三角形的位置进行种植，长一长就能充满整个花盆。根据需要添加或减少盆土，调整高度，保证植株土球的顶部低于盆边2～3厘米。

5. 用培养土将植株间空隙填满，然后轻轻压实。

6. 把花盆摆放在选好的位置上，垫上脚垫，浇透水并让其自流排水。

后期养护——根据情况修剪牵牛的枝叶，保持整洁的外观。

蓝色与黄色的组合

低难度

夏季到仲秋

全日照、半阴

中量浇水

在生长季节每2周施一次通用肥料

这款漂亮的盆栽，开满活泼的蓝色、黄色花朵，让人有种身处于繁花似锦的乡村花园的感觉。地上铺着带花纹的地砖，蓝、白相间的几何图案完美地衬托着盆栽。简单而朴实的花卉，非常适合种在休闲风格的花盆中。有一种我很喜欢的矮小型的多年生植物，名叫"蓝调"日本蓝盆花，花朵呈淡紫色，重瓣，带褶皱，非常精致。我还特别喜欢淡紫色的重瓣矮牵牛和多裂鹅河菊，花朵繁馥、华丽地垂挂在盆侧。

至于黄色调的花朵，我选了3株焦糖黄色矮牵牛杂交品种。这个品种是由两个相近的牵牛属植物——矮牵牛和百万小铃杂交培养出来的。这个特殊的栽培品种，花朵呈金黄色，中心为橙褐色，花瓣上有明显纹路。矮牵牛易于生长，而且具有良好的耐雨性，天气潮湿时，花瓣不容易留下难看的斑痕，很适合园艺新手种植。天人菊的金黄色花朵也非常抢眼。本方案中的植物喜欢在阳光充足的环境下生长，其中一部分也能适应半阴环境，因此该盆栽非常适合在有充足阳光但有时阴凉的庭院。

开始组合

所需材料

镀锌金属大花盆（此处用的是一个旧垃圾桶），高约40厘米，直径约50厘米

电钻或者锤子、钉子（可选）

排水用瓦片

培养土

珍珠岩或蛭石（改善排水）

所需植物

1 株"艳后"蓝花鼠尾草

1 株甜蜜威廉系列"绿把戏"须苞石竹

1 株"梅萨黄"F1宿根天人菊

1 株"蓝调"日本蓝盆花

3 株"美丽卡尔"焦糖黄色矮牵牛

3 株"通贝丽娜·玛利亚"匍匐矮牵牛

2 株"蓝花"多裂鹅河菊

1 株"梅萨黄"F大天人菊

1. 在花盆底部铺一些瓦片盖住排水孔。若没有排水孔，可用电钻或锤子、钉子在盆底打一些（见第32页）。

2. 在盆中填上三分之二的培养土。有些植物喜欢湿润但透水性好的土壤，可在培养土里掺入一些蛭石。

3. 先在盆中靠后位置种上较高的植物，如蓝花鼠尾草、天人菊和日本蓝盆花。根据需要添加或减少盆土，调整高度，保证植株土球的顶部低于盆边2~3厘米。

4. 将矮牵牛摆放在盆前靠中间位置。将匍匐矮牵牛和鹅河菊种在花盆边缘位置，后期就能沿着盆边垂吊下来，打造出一种繁花似锦的充盈感。检查植物土球是否在同一高度。

5. 用培养土将植株间空隙填满，然后轻轻压实。

6. 摆放好花盆，浇透水并让其自流排水。

后期养护——定期摘除残花，可保证整个花期的花量丰富。这些植物的花期可以延长到秋季，因此摘除残花绝对是值得的。如果鹅河菊的枝叶开始变得杂乱，要稍作修剪。

小贴士——甜蜜威廉系列"绿把戏"须苞石竹可做成非常漂亮的插花，在花瓶中能保持一个多月。

霓虹色盆栽

低难度

夏季

全日照

中量浇水

在生长季节每2周施一次通用肥料

天竺葵颜色鲜艳，种植在阳光充足的地方，整个夏季都会表现出色。因此，它们是夏季盆栽的理想选择，即使你一不留神忘了浇水，它们也能存活下来。但是要记住的是，虽然大多数栽培品种喜欢阳光充足的环境，但也需要适当遮蔽，不能在炎炎烈日下曝晒。

本方案选择了黄绿色的彩叶草及阳光般灿烂的重瓣黄花小百日菊，整体色调火辣、热情，整体造型如霓虹般绚丽。这盆花给人带来一股阳光明媚、悠闲假日般的地中海风情。百日菊非常适合种在盆中，呈现的花色非常稳定。天竺葵不耐寒，因此，在霜冻天气彻底结束之前，不能将天竺葵种入盆中并放在室外。不过，本种植方案并不只靠鲜艳的花朵来吸引眼球，这些天竺葵属于马蹄纹天竺葵组群，叶子上的斑纹非常吸引人；彩叶草的绿叶有棱有纹，也能自成一道风景。

开始组合

所需材料	所需植物
深灰色方花盆，边长约40厘米	1 株扎哈拉系列重瓣黄花小百日菊
排水用瓦片	1 株"恰帕斯"大丽花
培养土	1 株紫红色天竺葵
	1 株艳粉色天竺葵
	1 株墨龙系列"黄绿时光"彩叶草

1. 在花盆底部放置一些瓦片盖住排水孔。

2. 花盆中填上一半的培养土，在靠后的位置种上较高大的小百日菊和大丽花。根据需要添加或减少盆土，调整高度，保证植株土球的顶部低于盆边2~3厘米。

3. 在小百日菊和大丽花前面种上2株天竺葵。上盆之后，天竺葵会长得越来越茂密，漂亮的扇形叶子会让花盆方正的边缘变得柔和。最后，用彩叶草填充盆边的空隙。

4. 再次检查植物土球是否在同一高度，用培养土将植株间空隙填满，然后轻轻压实。

5. 将花盆摆放在温暖、朝阳的位置，浇透水并让其自流排水。

后期养护——定期给天竺葵摘除残花，可增加花量。尽管天竺葵通常在夏季结束时就会扔掉，其实，天竺葵是多年生植物，若方法得当也可以越冬。越冬方法有很多，若只有几株植物，最实用的方法是将它们单独种在花盆中，放在光照充足、通风良好、无霜冻的地方。植株之间也留出一点间隔。当植物出现枯萎迹象时，浇少量水（最佳浇水时间是早上），并保证水能从盆底顺畅排出。

小贴士——许多人都很喜欢彩叶草的叶子，认为彩叶草在开花之前是最好看的，因此可以提前掐掉新长出的花苞。

屏风花墙

◊◊◊
高难度

☼ ♧
夏季到初秋

☼
全日照

◊◊
中量浇水

✄
在生长季节每2周施一次通用
肥料

给宽木条式的爬藤架涂上一层淡淡的灰蓝色，非常适合用来遮挡、装饰大面积裸露在外的砖墙或水泥墙。任何带有爬藤架的盆栽都需要用攀缘植物来点缀，以柔化效果、增强空间感。本方案里我使用了络石，也叫风车茉莉，是一种漂亮的常绿攀缘植物，花朵呈乳白色，星形，花香浓郁，自带一股异国情调。络石还有一个优点，它的叶子呈深绿色，富有光泽，到了冬天通常会变成深红色。络石喜欢避风生长，因此非常适合种植在封闭的庭院里。巧克力秋英，因为散发出诱人的巧克力香味而得名，花朵如天鹅绒一般，给这个大型盆栽增添了丰富而奢华的色调。"巧克力摩卡"的深棕红色花朵，巧克力香味更为明显。同样诱人的还有"海风"飞蓬，整个夏天都会开出大量的雏菊状花朵。花心呈黄色，花瓣呈淡紫色，非常适合种在个性鲜明的花盆中。我喜欢耐候钢制成的花盆，带有一种质朴之美，但价格可能会很昂贵。因此，我使用了一个玻璃纤维花槽来代替，并涂上了仿铁锈效果的油漆。然后，我给花槽涂上了铁锈活化剂，增加一层锈斑。时间久了，锈会慢慢地变多，这样就能以低成本制作出理想的锈盆。

开始组合

所需材料

1个玻璃纤维大花槽，80厘米×50厘米×30厘米

仿铁锈漆（此处用的是工匠铜色仿铁锈漆）

铁锈活化剂

大油漆刷子

宽木条式大爬藤架，约240厘米×80厘米

塑料螺钉栓、大螺丝和电钻（用于将爬藤架固定在墙上）

水平仪

电钻或者锤子、钉子（可选）

羊眼螺栓、铁丝（用于帮助植物攀缘）

排水用瓦片

培养土

所需植物

1 株络石

1 株"巧克力摩卡"巧克力秋英

1 株"海风"加勒比飞蓬

1 株速率系列蓝花鼠尾草

1 株"小妇人"矮生薰衣草

1 株"至尊甜瓜"松果菊

1. 清洁花槽外部，彻底晾干。

2. 给花槽涂上仿铁锈漆，彻底晾干后，再涂上铁锈活化剂（请严格遵循产品使用说明）。需要用报纸保护上漆的表面。

3. 将爬藤架固定到墙面上。先在板架上钻孔，并相应在墙上标记打孔的位置。在墙上钻好孔，在每个孔中插入一个塑料螺栓钉，然后用钉子把爬藤架固定到墙上。用水平仪检查爬藤架是否挂平。

4. 在花槽底部铺一些碎瓦片。若没有排水孔，用电钻或锤子、钉子在槽底打一些排水孔洞（见第32页）。

5. 用培养土填满花槽的三分之二。把络石种在花槽左边靠后的位置，这样就能引导它往爬藤架上攀缘。根据需要添加或减少盆土，调整高度，保证植株土球的顶部低于盆边2~3厘米。

6. 将羊眼螺栓拧到爬藤架的木板上，保持均匀的间距，在螺栓之间牵铁丝，可交叉牵几条铁丝，给植物提供一个安全的框架，引导植物的藤茎攀爬到木板上。这样做可用攀缘植物打造一个扇形的屏风。

7. 花槽不是很深，建议将剩余的植物大致种成一排。从左到右，依次种植巧克力秋英、飞蓬、鼠尾草、薰衣草和松果菊。记得检查植物土球是否在同一高度，根据需要添加或减少盆土，调整高度。

8. 用培养土将植株间空隙填满，然后轻轻压实。浇透水并让其自流排水。

后期养护——络石需要避开寒冷、干燥的风，因此最好能背靠着朝南、西南或西面的墙种植。

小贴士——固定爬藤板时也可以不用塑料螺栓钉，而是用地脚螺钉将爬藤板直接固定在墙上，这样能节省一些时间。把爬藤板固定在墙上时，可以先用塑料螺栓钉和螺丝把木条固定在墙上，然后把爬藤架拧在木条上。这样就有更大的空隙，让植物背后的空气更流通。

锈铁盆

中等难度

夏季到初秋

全日照

中量浇水

在生长季节每2周施一次通用肥料

这款花盆由耐候钢制成，硕大无比、令人惊叹，不管放在室外哪个位置都是亮丽的风景。因为体积太大，我没有完全用培养土填充整个盆，而是在盆底放置了塑料花盆，先填充一些空间。

搭配的植物带有一种乡村花园的感觉，但又非常现代时尚。例如，乡村花园风格的代表——飞燕草，如果种在开放式花园中可能需要支撑，但是，在本方案中我选的是神秘之水系列中一个多年生的矮株品种，拥有浓密的白色或蓝紫渐变色的花穗。"棒棒糖"柳叶马鞭草是大家熟悉的矮化栽培品种，也非常适合作为盆栽植物。刺苞菜蓟在初秋时节会开出大大的、粉紫色的梦幻花朵，在羽毛状的拂子茅中显得非常美丽。高大的拂子茅是盆栽里的"主心骨"，像这样一个引人注目的花盆确实需要一个强大的明星植物镇场。

本种植方案以紫色、淡紫色和粉红色为主基调，但"黑珍珠"矾根的黑色叶子却带来一股暗黑的风情。纯黑色的植物很少，矾根近乎黑色的、漂亮的扇形叶子，在铁盆的衬托下显得非常迷人。

开始组合

所需材料

耐候钢制大花盆，直径约80厘米

塑料花盆（用于填充花盆底部）

排水用瓦片

培养土

所需植物

1 株"卡尔福斯特"拂子茅

3 株神秘之水系列淡紫色飞燕草

1 株"棒棒糖"柳叶马鞭草

1 株"巧克力摩卡"巧克力秋英

1 株刺苞菜蓟

1 株"黑珍珠"矾根

1 株"卡拉多纳"林荫鼠尾草

1 株"阿尔斯特"蓝穗花婆婆纳

1. 先把花盆摆在预计的位置上，在盆底部的排水孔上盖上碎瓦片。这么大的花盆，可能要多盖一些。

2. 在花盆底部倒放几个塑料花盆，以填充空间，减少培养土的用量。

3. 填入培养土，至距盆边缘约30厘米的位置。先种高大的。因为我的花盆放在靠墙的位置，所以种草时，稍微向后倾斜。根据需要添加或减少盆土，调整高度，保证植物土球的顶部低于盆边2～3厘米。

4. 接下来，将其他较高大的植物，如飞燕草和马鞭草，种在前面和周围。检查土球是否都在同一高度，然后将较矮小的植物种在花盆的前排和边缘。植物可以布置得紧凑一些，能营造出一种茂盛的乡村花园效果。

5. 用培养土将植株间空隙填满，然后轻轻压实，浇透水并自流排水。

后期养护——拂子茅的花朵凋零后，仍然是盆中的一大亮点。如果草本植物长得过高过盛，可以在初春冒新芽之前将老茎修剪至与盆土表面齐平。给飞燕草摘除残花，可以剪掉花序，只留下侧花芽。秋季植株枯萎后，将所有植株剪至与盆土表面齐平。春季修剪掉矾根的老叶、残叶，给新芽留出空间。

小贴士——婆婆纳、飞燕草、矾根和秋英喜欢湿润且排水良好的土壤，所以不要等盆土干透才浇水。

粉紫色盆栽

半日方案

低难度

夏季到秋季

全日照

中量浇水

在生长季节每2周施一次通用肥料

　　在本方案中，粉红色、紫色的花朵鲜艳浓烈，与闪亮的金属花盆、柔和的灰色露台相映成趣。一旁摆放着别致的淡蓝色玻璃球装饰，给造景增添了现代感。盆中的明星无疑是紫色欧洲山毛榉（欧洲水青冈）。这是一种落叶树，树皮光滑、呈灰色，树叶呈紫色，入秋也仍然能保持漂亮的颜色，偶尔会变红色。山毛榉树下种植了直立的多年生植物和一年生植物（填充植物）——"大天使"树莓红香彩雀、奏鸣曲系列胭脂红秋英和"罗宾"紫花千屈菜。紫花千屈菜的玫瑰粉色花穗非常特别，非常招蜜蜂喜欢。事实上，因为千屈菜富含花蜜，北美的养蜂人也喜欢种植。秋英精致的丝状叶子与花茎刚劲挺拔的形态形成了反差。秋英和香彩雀属于耐旱的植物，喜欢长在阳光之下，非常适合阳光充足的角落。

开始组合

所需材料

镀锌大金属盆，高约90厘米，
直径约80厘米

电钻或者锤子、钉子（可选）

排水用瓦片

培养土

珍珠岩或蛭石（改善排水）

所需植物

1 株紫叶欧洲山毛榉

3 株"大天使"树莓红香彩雀

2 株鸣奏曲系列胭脂红秋英

3 株"罗宾"紫花千屈菜

2 株"新鲜糖果"多裂鹅河菊

1. 这是一个大型的花盆，建议先摆在预计的位置上，然后填上培养土，种上植物。若没有排水孔，用电钻或锤子、钉子在盆底打几个排水孔（见第32页）。

2. 在盆中填入三分之二的培养土。山毛榉、秋英和鹅河菊喜欢湿润但排水良好的土壤，因此需要在培养土中加入一些珍珠岩或蛭石以改善排水。山毛榉可以种植多年，尤其需要保证良好的排水。

3. 将焦点植物山毛榉种在花盆中间，夏季花朵凋零后，山毛榉能继续观赏。根据需要添加或减少盆土，调整高度，保证植物土球的顶部低于盆边2～3厘米。

4. 在山毛榉周围添加较高的植物——香彩雀、秋英和千屈菜，再次查看盆土高度是否合适，必要时添加或减少培养土。

5. 在花盆的前排种植鹅河菊，让可爱的小花从花盆的侧面垂挂下来。检查盆土高度是否合适，并根据需要进行调整。

6. 继续添土，将植株间空隙填满，然后轻轻压实，浇透水并自流排水。

后期养护——香彩雀、鹅河菊和秋英要定期摘除残花，增加开花量。紫花千屈菜也可以摘除残花，防止结子儿。

小贴士——虽然紫色山毛榉可以在大型花盆中种植，但它会逐渐长成大树，所以过一段时间后需要移栽到花园中。如果家里没有花园，可以将树送给有花园的朋友。

阳台盆栽

中等难度

夏季到仲秋（新西兰麻、海桐全年都是观赏期）

全日照

中量浇水（使用"干透浇透"方法）

在生长季节每2周施一次通用肥料

如果家里有一个大阳台，那么将花箱悬挂在阳台边的栏杆上，就可以腾出宝贵的空间，花箱还能作为屏风，保护隐私。沿着阳台装上一圈花箱，也能为户外区域增添绿化。在高处安装花箱时，必须牢固，避免花箱掉下来伤到楼下的人（关于固定花箱的建议详见第36页）。

种在花箱中的主要是一年生植物，但加勒比飞蓬是多年生植物，来年还会继续开花。香气浓郁的灰姑娘系列紫罗兰有紫色、淡紫色、粉红色和白色等花色可供选择，和温暖的夏夜是绝配。在本方案里我选择了米黄色和白色紫罗兰搭配整体风格。花箱两侧是2株大型常绿植物——新西兰麻

和海桐，种在涂成乳白色的陶罐里。新西兰麻拥有深紫黑色的剑形叶子，而海桐则有油亮的蓝灰色叶子，边缘呈波浪形，茎呈深色。这两种植物形态美观、色彩丰富，一整年都能观赏，也可以更换其他一年生植物来呼应季节变化，比如秋季在花箱里种上白色郁金香、风信子等球茎植物，来年春季就能赏花。

我把花箱的正面刷成了法式灰，与室内的书架颜色相同，将室内的色调风格延续到了阳台。黑白配的冷静、简约风格，也体现在白色小餐桌、配套的黑色椅子，以及户外地毯醒目的菱形图案上。

开始组合

所需材料

2个大型陶罐

4个木制窗栏花箱，80厘米×12厘米×12厘米，或者选择适合自家阳台空间的尺寸

1个硬毛刷或类似刷子

乳白色粉笔漆，用于给陶罐上色

灰色油漆，用于给窗栏花箱上色

2个大油漆刷子

电钻或者锤子、钉子（给容器打排水孔）

花箱托架

排水用瓦片

培养土

所需植物

种在窗栏花箱中的植物

2 株白色、米黄色灰姑娘系列紫罗兰

6 株矮生白色金鱼草

1 株高茎白色秋英

2 株"黑蔓"牵牛

1 株"波光"加勒比飞蓬

种在两个大花盆中的植物

1 株"蓝褶"薄叶海桐

1 株"普拉特黑"新西兰麻

1. 清洁两个陶罐外部，彻底晾干。用硬毛刷将花箱外部刷干净，干净、整洁的表面才易于上色。

2. 给陶罐涂上乳白色的粉笔漆，待涂层彻底干透再进行栽种。涂漆时在工作台上垫几张报纸。

3. 给花箱涂上灰色油漆，待其干燥后再栽种植物。

4. 给每个罐底的排水孔盖上一些瓦片，填上三分之二的培养土，然后在一个罐里种上海桐，另一个里种上新西兰麻，这就是造景里的两株骨干树。根据需要添加或减少盆土，调整高度，保证植株土球的顶部低于盆边2～3厘米。

5. 加土填满植株周围的空隙，用手轻轻压实。

6. 用瓦片盖好箱底的排水孔。如果没有排水孔，用电钻或锤子、钉子在底部打上几个（见第32页）。将花箱固定在预计位置上。固定花箱托架时应严格遵循产品使用说明。

7. 尽量用相同的方式种植每个花箱，让整个阳台的风格能保持一致。把较高的植物——紫罗兰、金鱼草和秋英种在花箱中靠后的位置上。把较矮的植物——牵牛和加勒比飞蓬种在花箱前排，这样就能垂挂在盆边。

8. 继续添土，将植株间空隙填满，轻轻压实，浇透水并让其自流排水。

后期养护——春季要给新西兰麻摘除枯叶、残叶。在风大、寒冷的地区，要做好阳台的遮挡，以免植物受到强风、寒风的影响。给加勒比飞蓬摘除残花，增加开花量。

小贴士——装满盆土并浇透水后，两个白色陶罐会变得非常重。一定要保证放置这种大尺寸花盆的空间——阳台能够承受它们的重量。如果不确定的话，请寻求专业建议。加勒比飞蓬会吸引蜜蜂和蝴蝶，它也会自己繁殖结子儿，有可能从墙壁的缝隙中冒出芽来。

赤陶盆

低难度

夏季到秋季

全日照

中量浇水

在生长季节每个月施一次通用液体肥

在图中左边的盆栽方案里，我挑选了一个可爱的浅色陶盆，很好地衬托出植物的绿色、乳白色和浅棕色等柔和色调。细茎针茅，也叫墨西哥羽毛草，是一种落叶草，叶子柔软，细长如丝，穗状花序如羽毛般飘逸，随着夏季的到来，花序会变成柔和的金黄色，从初夏到秋季都表现不俗。虽然针茅草非常适合在阳光充足的花园里生长，但也可以种植在大型花盆中。它的花序在微风中飘动时的姿态和发出的声音很讨人喜欢，用手指轻抚花朵的触感也很美妙。

细茎针茅是一种落叶植物，每年秋季枯萎，第二年春天再次生长。因此，盆中真正的焦点是常绿植物"柯氏"长阶花，它拥有光亮的矛形叶子，夏季会开长形的白色花穗，全年都能观赏。有趣的是，本方案选用的品种是两种长阶花的天然杂交品种，由托马斯·柯克在新西兰发现，因此得名。长阶花一旦种好就不需要特别照料，所以如果你时间比较少，很适合选本方案。巧克力秋英为盆栽提供了更丰富的色彩。这种多年生植物能带来多重感官的享受：花朵呈深红色，花瓣看起来像天鹅绒一般，还散发着巧克力的香味。

开始组合

所需材料

1个浅色陶盆，直径约35厘米，高约40厘米

排水用瓦片

培养土

珍珠岩或蛭石（改善排水）

所需植物

2 株"柯氏"白色长阶花

1 株"马尾"细茎针茅

1 株"巧克力摩卡"巧克力秋英

1. 在盆底的排水孔上盖几个瓦片，防止孔洞被盆土堵塞。有一些植物喜欢透水性好的土壤，所以可在培养土里掺入一些蛭石或珍珠岩，促进排水。

2. 在盆中填上三分之二的培养土。在盆中靠前的位置种上2株长阶花。根据需要添加或减少盆土，调整高度，保证植株土球的顶部低于盆边2~3厘米。

3. 在长阶花的后方种上细茎针茅，针茅精致的花序就能优雅地垂在上方。将巧克力秋英种在长阶花前面，既能很好地填补花盆边缘的空间，又能在开花时提供更丰富的色彩。

4. 检查植物土球是否在同一高度，根据需要添加或移除盆土，并轻轻压实。

5. 摆放好花盆，浇透水并让其自流排水。

后期养护——定期给长阶花摘除残花，增加开花量。初冬季节可以修剪长阶花枝叶，保持植物整洁健康。初春，在长出新叶之前，给细茎针茅修剪枝叶。

小贴士——细茎针茅不喜欢浸在湿透的土里，所以要做好排水工作，冬季也要减少浇水。长阶花喜欢在全日照或半阴环境生长，细茎针茅和秋英需要充足的阳光才能茁壮成长，因此要将花盆放在阳光充足的地方，才能获得最佳效果。

田园风盆栽

　　以粉红色为基调打造的风景让人联想到乡村田园。背后的墙涂成绚丽的牡丹色，更能衬托出夏末花朵的可爱，让盆栽更加亮眼。这里使用了一个金属花盆，盆的两端有两个带塞子的孔，可以排水。温柔的杏色洋地黄非常适合这个盆栽，在垂直的视觉效果上增加了焦点，而且这个矮生品种非常适合在花盆中生长。蓍草扁扁的粉色花序能吸引蜜蜂和其他益虫，而菊花状的松果菊在整个夏季不断开出颜色丰富的花朵。值得一提的是，松果菊的花色会发生变化：初开时是乳黄色的花蕾，绽放后会变成浓郁的粉红色，最后褪成柔和的胭脂红。多年生"亲吻与愿望"一串红的花期也很长，仲夏开始开出糖果般的粉色花，花期能一直持续到秋季。它是一种出色的填充植物，适合在花盆或花坛中种植。虽然洋地黄也喜欢在半阴环境生长，但建议将此盆栽摆放在阳光充足的地方。

开始组合

所需材料

大金属花架或是同类型花盆，
高约30厘米，体积约为50升

排水用瓦片

培养土

所需植物

1 株"夏日浆果"西洋蓍草

1 株"寻日"橙红色松果菊

3 株斑点狗系列杏色F1代杂
  交洋地黄

2 株"亲吻与愿望"一串红

1 株薰衣草

1. 用一些瓦片盖住花盆底部的排水孔。

2. 在花盆中填上三分之二的培养土。种上高株植物洋地黄，以三角形布局种植在盆中。检查植物土球是否都在同一高度，保证土球的顶部低于盆边2~3厘米。根据需要，添加或减少盆土。

3. 种上填充植物——蓍草和松果菊，将它们穿插种在洋地黄中，打造高低错落的层次。最后在盆的边缘种上2株一串红。

4. 检查植物土球是否在同一高度，添土将植株间空隙填满，轻轻压实。

5. 摆放好花盆，浇透水并自流排水。

后期养护——定期给一串红摘除残花，增加开花量。

蓝色盆

低难度

夏季到秋季（桉树是常绿树）

全日照

中量浇水

在生长季节每2周施一次通用肥料

　　这个花盆柔和的色彩、形状非常适合种植观赏期在夏、秋季的植物。花盆涂成了漂亮的哑光蓝，能衬托出深蓝色、紫色调的植物。羽衣甘蓝和小桉树是方案里的主角，它们圆润的叶子与花盆的曲线完美地融合在一起。常绿桉树的蓝灰色嫩叶四季明艳动人。桉树是一种生长快速的乔木，在观赏季里可用这种植物来提升整个盆栽的高度，过后可将它们移植到开放的花园中，以便继续成长。这个品种的桉树在夏季会开出簇状的白色花朵，随着树体的成熟，乳白色、棕色树皮会脱落。

　　羽衣甘蓝为一年生植物，叶片颜色浓淡分明、带波浪卷边，总能带给人一种力量。枝叶结构非常特别，就像一朵朵硕大的异国花朵。彩叶草华丽的紫色叶子中间染上了明亮的洋红色，成为羽衣甘蓝的完美背景。这种彩叶草具有很强的抗污染性，特别适合居住在城市的人。

开始组合

所需材料

1个圆形纤维泥花盆，宽约50
厘米，高约30厘米

野鸭蓝石灰涂料

大油漆刷子

排水用瓦片

培养土

所需植物

8 株鸽子系列紫色羽衣甘蓝

3 株桉树

2 株"墨龙"彩叶草

1. 清洁花盆外部，彻底晾干。陶土吸水性很强，需要晾一段时间，因此建议选择周末的时间来完成这个种植方案。

2. 给花盆涂两层蓝色漆，第一层漆干后再涂第二层。花槽内不需要涂漆，也可以只涂槽内上部分，因为其余部分会被盆土埋住。涂漆时在工作台上垫几张纸。花盆的油漆彻底干透后再进行栽种。

3. 在花盆底部放一些瓦片盖住排水孔。

4. 在盆中填上三分之二的培养土。先将最大型的植株——羽衣甘蓝种在花盆靠前的位置。根据需要添加或减少盆土，调整高度，保证植株土球的顶部低于盆边2~3厘米。

5. 在花盆中间位置种上3株桉树，在后排种上高株的彩叶草，打造出不同层次的枝叶，盆中所有的美丽颜色和不同质感都会显现出来。

6. 检查植物土球是否在同一高度，添土将植株间空隙填满，轻轻压实。

7. 将花盆摆放在朝阳的位置，浇透水并让其自流排水。

后期养护——桉树喜欢湿润但排水良好的土壤，所以不能让盆土干透。想要嫩叶幼芽发育良好，初春时只留下桉树主基部以上的2～3个芽。定期掐掉桉树的幼芽，保持整齐的形状和叶子的颜色。

小贴士——方案里用的是桉树的幼株，适合作为花盆的填充植物。如果想让树木继续长大，可以单独种在一个更大的花盆里，或者移栽到露天花园。

多肉盆栽

中等难度

四季

全日照

中量浇水（使用"干透浇透"方法）

在生长季节每个月施一次盆栽植物
液体肥或多肉专用液体肥

　　多肉植物的形态和颜色非常引人注目，也会让盆栽显得非常优雅。不用传统的圆形石碗，而是使用花槽或窗栏花箱种植多肉，看起来更现代。这个花盆原本是灰色的，为了衬托出多肉植物美丽、淡雅的色调，我漆上了亚光色。你也可以买一个自己喜欢的、类似的黑色花盆。

　　本方案的种植难度为中等，不是因为它很难种植，而是因为给多肉植物浇水有一定技巧，需要多摸索，也可能会犯错。建议先试种几株多肉植物，再来完成这个方案。如果失败了，也不要灰心，我有几次也没能按计划进行，得知道如何从错误中学习。你肯定也会觉得，种好的盆栽带着一种奢华之美。

开始组合

所需材料

花槽，长约60厘米

黑色哑光喷漆

排水用瓦片

多肉植物培养土（需额外
排水）

所需植物

1 株"蓝色卡纳"青锁龙

3 株"回音"石莲

1 株月影系列墨西哥雪球
石莲

1 株霜鹤

1 株星美人

3 株长生草

注意：各地能买到的多肉植物可能不一
样，不必购买和方案中完全一样的多肉
植物，只要保证是可在室外种植的耐寒
多肉植物即可。

1. 清洁花盆外部，彻底晾干。在户外或通风良好的地方，给花盆喷上油漆。喷漆时在工作台上垫几张报纸。晾干。

2. 在花盆底部的排水孔上盖几个瓦片，防止孔洞被盆土堵塞。多肉植物的根系不喜欢积水，需要排水良好的环境。

3. 给花盆填上，让最大的多肉植物的土球刚好低于花盆边缘。可把育苗杯拿到花盆旁边比一比，估计一下种植深度，并估算需要用多少培养土。

4. 将多肉植物从育苗杯中取出，摆放在花盆中，调整好位置再种植。

5. 如果盆中还有空余，可以把多肉植物上的小芽小叶带根掰下来，种在土里，填充空缺。

6. 对种植效果满意后，用培养土将植株间空隙填满，然后轻轻压实。花盆里要留出一定的空隙，以免浇水时把盆土溅出盆外。

7. 给盆栽浇透水，让水从盆底自流排出。

后期护理——每次浇水后需等土壤干透再进行下一次浇水，浇水间隔应随季节不同而延长或缩短。生长季节里需要更多的水。清理植物上的枯叶，避免植物腐烂、生病。如果气温降到10℃以下，应将花盆移入室内，摆在有遮挡的、朝南的位置上，应该可以安然度过。注意摆放在窗边没有阳光直射的地方，因为阳光过强会灼伤叶片。

小贴士——多肉植物需要排水良好的环境，应保证花盆有足够多的排水孔，没有排水孔的则需打几个排水孔（见第32页）。如果没有多肉植物专用的培养土，建议加入细砾石、园艺沙或其他适合的添加剂（见第29页），让普通的培养土排水更优良。如果多肉植物的叶子开始起皱，就需要浇水。如果多肉植物的叶子呈半透明状，则说明浇水过多。

悬挂式、地面式松石绿花箱

一日方案

◊◊◊
高难度

☼ ⚘ ❋
四季

▨▨
半阴或全阴

◊◊◊
中量或大量浇水（对开蕨喜欢湿润的土壤）

✂
在生长季节每隔几周施一次通用肥料

花箱的松石绿色衬着常春藤、蕨类植物的绿叶，颜色对比强烈，却也完美地融合在一起。放置在阳台或屋顶花园一个荫蔽的角落里尤其好看。这个种植方案的灵感来源于一家餐厅。那家餐厅的天花板上悬挂着植物花箱，所以我就采用了类似的方案。可以把花箱从天花板上吊下来时，一定要固定牢。如果户外空间不那么宽裕，也可以用一个长椅放置地面式花箱，再加上一个金属格栅，将悬挂式花箱挂在格栅上，就可以打造一个风格强烈的景色——简单、别致、醒目。

花箱吊篮里种上了蕨类植物和常春藤，而在地面的花箱种了对开蕨，也叫鹿舌蕨。带状的叶子，颜色翠绿可爱，在冬天尤其明艳夺目。常春藤和蕨类植物都是常绿植物，全年都能观赏，也无需过多打理。

虽然常春藤能适应全日照环境，但对开蕨是一种林地蕨类植物，喜欢荫蔽环境，应避免阳光直射。有一个花箱是悬挂式的，所以要保证花箱的材质够轻，装满盆土后还能挂起来。我的花箱是纤维玻璃——一种性能优异的轻质材料制成的。可以按喜好选择任意颜色的花箱但记得要打排水孔。

开始组合

所需材料

2个纤维玻璃窗栏花箱，长90～120厘米

电钻或者锤子、钉子（可选）

排水用瓦片

培养土

铜链，长约1米（用于悬挂式花箱）

4个金属圈或S形挂钩

所需植物

种在悬挂式花箱中的植物

6 株小型洋常春藤，如"吾之心"品种

2 株中型半育耳蕨

种在地面式花箱中的植物

3 株对开蕨

1. 两个花箱都要打上排水孔（见第32页）。要注意的是，纤维玻璃比较难打孔。

2. 用碎瓦片盖住排水孔，给花箱填上一半的培养土。在悬挂花箱里种上洋常春藤和中型半育耳蕨，在地面花箱里种上对开蕨，保证植株土球的顶部低于盆边2～3厘米。

3. 用培养土将植株间空隙填满，然后轻轻压实。

4. 使用S形挂钩、金属链条将花箱悬挂到格栅上。

5. 先将花箱挂到预计位置上再浇水，否则花箱变重不方便操作。浇透水并让其自流排水。

注意：关于如何悬挂花箱请参见第36页的操作指南。

后期养护——在新叶芽舒展长大之前，
清理掉枯叶、残叶。清除残叶、枯叶，
有助于植株间良好的空气流通。

半日方案

低难度

四季

全日照、半阴、全阴

中量浇水

在生长季节每个月施一次通用液体肥

常绿植物与橙红色盆

这个盆栽庄严大气，全年可观赏，非常适合摆在出入口。橙红色的花盆与翠绿色的植物相得益彰，这些常青树的叶子大小对比鲜明，为花盆增添了不同的质感。镀锌金属制成的花盆喷上橙红色油漆后，看起来就像一个赤陶盆。这个种植方案只用了两种植物：青木和冬青卫矛，非常简单。青木，也叫“绿角桃叶珊瑚”，或“东瀛珊瑚”，是一种常绿灌木，树形圆整饱满，叶子带有光泽，呈深绿色，全年可观赏，春天会开紫红色的可爱小花，秋天会结亮红色的浆果，简直物超所值。青木寿命长，非常适合多年种植，且抗污染性强，常作为城市街道的绿化植物。花盆前排种植的冬青卫矛（大叶黄杨）生长速度缓慢，适合长期种在花盆中。它可以在许多方面很好地替代锦熟黄杨（简称“黄杨”），它们都有类似的常绿叶子，但不会像黄杨那样容易染上可怕的枯叶病。把冬青卫矛的树形修矮，挡在青木的前面形成一个迷你树篱。这样搭配效果非常好，给人一种愉悦感。

开始组合

所需材料

1个镀锌金属盆，直径约50厘米，高约60厘米

橙红色喷漆

电钻或者锤子、钉子（可选）

排水用瓦片

培养土

所需植物

1 株青木

4 株矮生"绿塔"冬青卫矛

1. 清洁花盆外部，彻底晾干。

2. 在户外或通风良好的空间里，给花盆喷上油漆并晾干。喷漆时在工作台上垫几张纸。

3. 在花盆底部放置一些瓦片盖住排水孔。若无排水孔，用电钻或锤子、钉子在盆底打几个排水孔洞（见第32页）。

4. 在盆中填上三分之二的培养土。在花盆正中位置种上焦点植物——青木。根据需要添加或减少盆土，调整高度，保证植物土球的顶部低于盆边2~3厘米。

5. 在青木的周围种上4株冬青卫矛，形成一个迷你树篱。再次检查植株土球的顶部是否低于盆边2~3厘米。根据需要，调整盆中培养土的高度。

6. 继续添土，将植株间空隙填满，然后轻轻压实。

7. 摆放好花盆，浇透水并自流排水。

后期养护——如果想让青木枝繁叶茂，春季时要修剪掉杂乱的枝条，然后施肥，促进新叶生长。即使定期修剪，青木也会快速生长。在春末修剪冬青卫矛的枝梢，如果有必要，初秋可以再修剪一次。

小贴士——使用高氮肥料可以促进灌木叶子的生长。

门廊常绿植物盆栽

半日方案

🌿
低难度

🌸 ☀ ⚘ ❄
四季

☀ 🗇
全日照、半阴

◌◌
中量浇水

⚘
在生长季节每个月施一次通用液体肥

在前门摆放一对修剪整齐的锦熟黄杨盆栽，能让整体看起来既保持传统风格，又带有现代元素。锦熟黄杨作为常绿植物，全年可供观赏，非常适合多年种植。本方案糅合了植物各种美妙的绿色，从锦熟黄杨的浓郁深绿到草本植物的明亮浅绿。虽然修剪过的黄杨让盆栽更正式、庄重，但随风摇曳的狼尾草却给整体造型带来一丝柔美。

多年生"海默"是狼尾草的一个栽培品种，在夏末会开出漂亮的紫色花朵。夏季里叶子呈翠绿色，到了秋季会变黄，然后慢慢褪成褐色，直至整个冬季。花盆边上层层叠叠坠下来的是爱尔兰常春藤，一种枝叶饱满的常春藤，拥有深绿色的大叶子、黄绿色的小花，冬季会结黑色的浆果。我很喜欢爱尔兰常春藤的大叶裂片，比其他品种要柔软得多。总而言之，如果你正在寻找一个简单、好养、全年可观赏的盆栽来装饰入口，这就是个完美的选择。

开始组合

所需材料

2个深灰色纤维泥花槽，每个约49厘米×60厘米×30厘米

排水用瓦片

培养土

所需植物

2 株锦熟黄杨，直径约30厘米

4 株"海默"狼尾草

4 株中型大西洋常春藤或爱尔兰常春藤

1. 在花盆底部放一些瓦片盖住排水孔。狼尾草尤其喜爱排水良好的土壤。

2. 在盆中填上三分之二的培养上。在每个花槽中央位置种上盆栽焦点——锦熟黄杨。根据需要添加或减少盆土，调整高度，保证植株土球的顶部低于盆边2~3厘米。

3. 在锦熟黄杨的两边各种1株狼尾草，然后沿着花槽边缘种一圈常春藤，让它的藤条枝叶能沿着盆边垂挂下来。

4. 再次检查植物土球是否在同一高度，根据需要添加或减少盆土。

5. 将花槽摆放在大门两侧或者门廊尽头。浇透水并让其自流排水。

后期养护——定期给花槽浇水，锦熟黄杨不喜欢干透的土壤。时刻保持土壤湿润，但不要积水，哪怕在冬季也如此。锦熟黄杨很容易遭受病虫害，如枯叶病，因此要留心是否出现了叶斑、茎枯顶和秃尖等问题。如果遇到病害，要立即采取措施。黄杨木蛾的破坏力特别强，其毛虫可以使植物叶子完全枯死、脱落。为了预防，可每隔几周就给锦熟黄杨喷洒杀虫剂，保护它们免受侵袭。如果真的发生虫害，可以用手捉掉毛虫，如果毛虫数量过多，可每周用适当的商用杀虫剂喷洒植株。还要留心清除叶子上的白色丝网，这是发育中的虫蛹。夏季中旬或末期修剪，以保持树形。如果想让树形看起来整齐饱满，可以每年修剪两次：初夏一次，夏末或初秋一次。可以给锦熟黄杨施用高钾肥料，因为锦熟黄杨缺少钾元素时叶子也会变色，很容易被误当枯叶病处理。可以使用黄杨专用的肥料。春季清除狼尾草的枯叶、老茎。

小贴士——如果想在花盆中长期种植黄杨等灌木，需要在春季补充新鲜培养土和少许缓释肥料。在一些较寒冷的地区，冬季需要为狼尾草做防霜冻措施。也可以用齿叶冬青代替锦熟黄杨，因为它可以被修剪成类似的树形，而且不受黄杨木蛾的侵害。

渐变色花盆
香草植物盆栽

低难度

四季

可食用

全日照

中量浇水

在生长季节每2周施一次通用肥
（使用推荐用量的一半）

如果花园里种植了烹调用的香草植物，没有什么比直接采摘新鲜香料来做菜更棒的了。如果做菜时只需探身就能从花盆里轻松采到迷迭香，这个诱惑力还是很大的，尤其是在寒冷的冬天。我用了渐变的、不同的粉色给赤陶盆上色，营造出的暖色调与香草的翠绿色相得益彰，将简陋的赤陶盆变成了特别的花盆。将香草植物分盆单独种植还有一个好处，就是可以种植不同需水量的草本植物，这是用一个花盆无法满足的。在这里，我使用了深浅不一的粉色乳胶漆来营造渐变的效果，你也可以自由地选择自己喜欢的其他色调。

开始组合

所需材料

6个赤陶小花盆，形状自由选择，每个直径12～15厘米

6种同一色系不同深浅颜色的无毒乳胶漆

6支小油漆刷（每种颜色一支，以加快上色时间）

排水用瓦片

砾石（改善排水）

培养土

所需植物

薄荷

泰国罗勒

甘牛至

迷迭香

撒尔维亚白花鼠尾草

百里香

1. 上漆前彻底清洁陶盆（见第32页），彻底晾干。

2. 根据喜好，给每个盆涂上不同的颜色。每个花盆涂两层漆，第一层漆干后再涂第二层。花盆内不需要涂漆，也可以只涂盆内上部分，因为其余部分会被盆土埋住。

3. 种植前，比较一下植株和花盆的尺寸，保证植物有足够的生长空间。

4. 用几个瓦片将盆底的排水孔盖上，防止孔洞被盆土堵塞。掺入几把添加剂，改善排水状况。

5. 花盆中填上一半的培养土，把第一株植物放进花盆里，加入盆中的培养土应低于盆缘2~3厘米，以便日后浇水。根据需要添加或减少盆土，调整高度。

6. 继续添土，将植株间空隙填满，然后轻轻压实。按上述步骤依次种植好其他几盆。

7. 给所有的花盆浇透水并让其自流排水。也可以在盆土表面铺上一层砾石，不仅能做装饰用还可以保持盆土湿润。

后期养护——多多掐掉香草植物的嫩枝，植物会长得更茂盛。薄荷、甘牛至和撒尔维亚白花鼠尾草比其他香草植物需水量更大。因此，如果看到任何枯叶、蔫叶，就多浇些水。冬季，可以将花盆移到室内向阳的窗边。

小贴士——薄荷生长速度快，很快就能侵占盆中的空间，应避免和其他植物混种。如果想把薄荷和其他植物组合在一个盆中，应把它单独种在一个育苗杯中。

荫蔽盆栽

　　我的花园里有个阴暗的角落，照不进阳光，显得光秃秃的。我想让我的花园一年中大部分时间都能呈现枝繁叶茂、花团锦簇的风景，但是这样的荫蔽之处就非常难实现。因此，我选择了喜阴植物，种在两个仿混凝土花盆里，以工业感衬托出绿叶的鲜嫩可爱。苔藓的翠绿色非常引人注目，在万物萧条的季节里，能让人精神一振。在鲜花盛开的季节来临前，不用种其他植物，单种苔藓也能维持盆栽的风景。

　　蕨类植物是最古老的陆生植物，有一万多个品种，能很好地制造氧气，过滤空气。本方案中使用的红盖鳞毛蕨拥有美丽的、卷曲的叶片，当叶片舒展时，又带一丝戏剧性。红盖鳞毛蕨属于耐寒植物，在冬季也能抵御寒冷。八角金盘是一种奇妙而张扬的植物，观赏性很高，也很容易养，但是需要时不时稍加修剪。这是一个非常简单的盆栽，但是需要花一点时间和精力才能让苔藓紧紧地贴在花盆表面。

开始组合

所需材料

2个大花盆，每个直径60~90厘米

排水用瓦片（适合大盆的尺寸）

培养土

定位针

所需植物

白发藓

1 株八角金盘

1 株"光辉"红盖鳞毛蕨

1 株紫叶大戟

1. 先从苔藓盆栽种起，花盆中填满培养土，保证苔藓种上后能冒出盆面。

2. 苔藓之间的缝隙用碎苔藓填补上，让它们拼合在一起。在苔藓底下用培养土垫高部分地方，打造一个高低起伏的苔藓表面。

3. 对呈现的效果满意后，用定位针把苔藓块接缝处加以固定。只要浇水充足，一个月左右，苔藓就会结结实实地长在一起了。

4. 用碎瓦片盖住另一个大花盆的排水孔，防止盆土积水。填上一半的培养土，在盆中靠后位置种上本方案中最大的植物——八角金盘，保证植株土球的顶部刚好低于花盆边缘。在八角金盘周围种上红盖鳞毛蕨和紫叶大戟，根据需要添加或减少盆土，保证所有植株的土球在同一高度。

5. 对种植效果满意后，用培养土将植株间空隙填满，轻轻压实，浇透水并让其自流排水。

后期养护——修剪大戟的长枝，摘除褪色、枯萎的残花，以延长花期。八角金盘生长速度快，要定期掐掉从树干上冒出的新芽、新叶，防止植物过于茂密。春季气候变暖时，要保持苔藓下泥土的湿润。夏季苔藓长势不好的话，可以替换成花卉植物。

小贴士——如果不喜欢大戟，或在冬季采用这个方案，可以将其换成不同类型的蕨类植物，如对开蕨（鹿舌蕨）。

作者简介

伊莎贝尔·帕尔默是著名的小空间花园设计师。她的园艺之旅开始于她位于伦敦的家的阳台上，她在那里打造了一个属于自己的小绿洲。她相信别人也会有同样的想法，于是创办了"阳台园丁（The Balcony Gardener）"。2009年以来，伊莎贝尔专注于城市小空间的园艺种植设计，她的设计创新、奇特，园艺销售方式新颖，赢得了崇尚时尚、绿色城市生活人群的喜爱和关注。凭借对小空间园艺的极大热情以及自身丰富的实践经验，她已经撰写了两本书，分享自己的小空间园艺和室内植物种植专业知识。《时尚小空间花园》是她的第三本书。

致谢

首先非常感谢哈迪·格兰特（Hardie Grant）出版社优秀的团队，感谢他们给了我写这本书的机会，尤其是凯特·波拉德（Kate Pollard），她让这本书的撰写工作变得非常愉快，还有夏娃·马勒奥（Eve Marleau），感谢她专业的眼光、独到的见解。还要特别感谢优秀的詹妮弗·哈斯拉姆（Jennifer Haslam），她的室内设计风格让我在写书时获得了很多的灵感，深受启发。

当然，如果没有摄影师纳西玛·罗特哈克（Nassima Rothacker）、艾丽·艾伦（Ali Allen）、雅基·梅尔维尔（Jacqui Melville）和玛利亚·阿韦尔萨（Maria Aversa）高超的拍摄技术，书中的照片不可能这么精彩。谢谢你们！

卡洛琳·韦斯特（Caroline West），非常感谢你给此书做审校，保证所有的格式、表达都正确规范。

最后，最重要的，我还要特别感谢我优秀、善良和耐心的伴侣——卢克（Luke），感谢你的支持和付出，没有你，我不可能完成这本书。你抽出时间来一遍又一遍地帮我阅读初稿，给封面设计提建议，特别是你能陪伴孩子们，让他们"忙"得不亦乐乎，以便于我能够集中精力专心写作。你们同我一样，都对这本书起到了至关重要的作用。最后，还要感谢我的家人：我的孩子杰克（Jake）和艾洛蒂（Elodie）、我的父母、布莱恩（Bryan）爷爷、尼克（Nick）叔叔、迈克（Mike）叔叔。你们一如既往的支持，这份感激我永远铭记于心。

索引

A

矮牵牛（碧冬茄）26，62，78，94，110

矮生变种 26

桉树 142

B

八角金盘 166

白发藓 166

白粉病 51

百合 46

百里香 162

百日菊 26，114

百万小铃 110

板岩 38

半边莲 26

半育耳蕨 150

薄荷 162

保水剂 29

杯苗 15

变种 15

表土修整 15，44

补充添加剂 29

不耐寒植物 15

C

彩叶草 26，114，142

草甸毛茛 102

草皮 38，102

铲子等工具 12

常春藤 26，27，36，150，158

常见病害 51

常见害虫 50

常绿植物 14，19，26，81，129，133，150，153，157

承重 24

抽薹 14

除草剂 14

除害剂 15

窗栏花箱、花槽栽培 36

垂吊植物 26

垂枝 15

春季（养护）46

刺柏 90

刺苞菜蓟122

葱属植物46

D

大戟 26，27，166

大丽花 26，27，46，47，48，49，62，74，78，94，114

大星芹 26，87

倒挂金钟 26，90

地板 38

吊篮栽培 37

冬季（养护）47

冬青卫矛（大叶黄杨）154

杜鹃 14，26，29，66

对开蕨（鹿舌蕨）150

多裂鹅河菊 110，126

多年生植物 15，28，49，81，110，115，125，129，133

多肉植物 15，43，90，145

E

鹅卵石 38，74

二年生植物 14

F

矾根 26，49，58，122

防寒越冬 49

防治病虫害 50

放置排水用瓦片 33

飞蓬 26，118，130

飞燕草 26，122

肥料 14，44

风铃草 26，49，62，74

风信子 58，66，129

拂子茅 74，122

覆盖物 14

G

甘牛至 162

高山植物 26，29

高株植物 26，62，85，139

给多肉植物浇水 43

根腐病 51

根满盆 15

工具设备 12

购买植物 20

骨干树种 15

观赏植物 15

灌木 15，18，89，153

灌木修剪 15

H

海石竹 38，82，

海桐 14，18，26，44，74，130

红盖鳞毛蕨 166

红色紫罗兰 57

虎耳草 66

花毛茛 58

花盆的材质 23

花盆的陈列 38

花盆的类型 23

花盆栽培 34

花坛植物 14

换盆 15

黄花九轮草 102

黄水枝 26，49，58

黄杨 153，158

灰霉病 51

J

检查排水孔 32

剪枝 14，48

碱性土壤 14

浇水 21，42，55

浇水不足 43

浇水工具 12

浇水过多 43

浇水频率 42

浇水时间 42

浇水与施肥 42

金鱼草 26，62，74，78，98，130

金盏花 26，50

锦熟黄杨 158

浸泡植物 33

景天属植物 49

蕨类植物 11，49，149，165

K

抗旱植物 26

蛞蝓 50

L

蓝蓟 102

蓝眼菊 26，27，78

狼尾草 158

砾石 38，62，74，102，162

莲花掌 90

鳞茎 14

鳞茎植物 18，26，46，47

柳穿鱼 102

柳叶马鞭草 26，122

罗勒 162

络石（风车茉莉）118

落叶植物 14，133

M

蔓生植物 15，26，36，37

蔓长春花 26

美女樱 26，87，98

迷迭香 162

木茼蒿 26

N

耐寒植物 14，26，165

南非万寿菊 87

泥炭 15，28

柠檬香蜂草 50

O

欧耧斗菜 26，66，78，87

欧洲山毛榉（欧洲水青冈）126

P

排水 14，33

攀缘植物 14，18，97，117

培养土 15，28

盆栽园艺设计 26

蓬子菜 102

婆婆纳 26，66，122

铺面装饰 38

葡萄风信子 66

葡萄象鼻虫 50

Q

千屈菜 126

牵牛 27，82，94，106，130

青木 154

青锁龙 146

清洁陶盆 32

清理草本植物 48

秋季（养护）47

秋英（波斯菊）26，27，70，82，118，
    122，126，130，134

球花报春 66

确定朝向 18

R

日本蓝盆花 110

如何给木制或藤条花盆加衬 33

如何浇水 42

如何挑选健康植物 20

如何制作悬挂式花盆 36

入侵物种 14

S

三色堇 87

杀虫剂 14，50

杀真菌剂 14，50

山茶 19

山桃草 90

上漆、涂漆所需工具 24

上漆和喷漆 23

生苗 15

施肥 44，55

蓍草 48

石灰岩碎石 38

石莲 146

石莲花属植物 49

饰品 38

梳理植物根部 33

鼠尾草（多年生植物）26，27，49

树蕨 46

双距花 26，98

霜冻 14

水仙 14

松果菊（紫椎菊）27，49，98，118，138

苏铁 46

酸性 14

T

苔藓 38，70，165

天人菊 110

天竺葵 15，26，114

填充植物 26，116，137，143

挑选花盆 22

挑选植物 18

铁筷子 66

土球 15

W

为来年储存球根 49

蜗牛 50

无土混合基质土 28

X

西洋蓍草（丝叶蓍）49，102，138

喜酸植物 14

细茎针茅（墨西哥羽毛草）134

夏季养护 46

仙客来 47

仙人掌 146

香彩雀 125

香草植物 161

香蕉 46

香豌豆 26

小花矮牵牛 26

小丽花 70

新西兰麻 129

休眠植物 42

修剪 15

修剪工具 12

修剪枝条 48

修整植物 48

绣球 26，66

须苞石竹 110

勋章菊 90

薰衣草 138

Y

蚜虫（桃蚜、蚋）50

洋地黄 138

羊茅 102

养护日历 46

椰糠 14

叶斑病 51

叶面肥 44

叶面施肥 14

液体肥料、水溶肥粉剂或颗粒 44

一串红 70，138

一分预防胜于十二分治疗 51

一年生植物 14

以土壤为基础的培养土 28

银莲花 26，62，87

银旋花 90

银叶菊 90

羽扇豆 26，48，87

羽衣甘蓝 142

玉簪 47，49，90

郁金香 58

园艺沙或沙砾 29

园艺手套 12

园艺术语表 14

月桂 19，26，48

越冬 15，49，115

云南菁（菁草）27

Z

杂草 15

杂交品种 14

杂色 15

栽培品种 14

摘除残花 14，48

长阶花 134

长生草 49，146

照明 38

珍珠岩 15，29

拯救缺水的盆栽植物 43

支架支撑 48

植物标签 21

植物学名 14

植物养护符号 55

制作球形吊篮 37

蛭石 15，29

种植技术 34

种植介质 28

帚石南 29

竹子 28，46

专用培养土 29

准备好花盆 32

紫罗兰 26，58，82，130

紫菀 26，78

紫叶茴香 78

组合植物 26

最后的装饰 38

坐垫 38

酢浆草 58

图书在版编目（CIP）数据

时尚小空间花园 /（英）伊莎贝尔·帕尔默著；梁
晨译. —北京：中国轻工业出版社，2022.5
ISBN 978-7-5184-3872-3

Ⅰ.①时… Ⅱ.①伊…②梁… Ⅲ.①盆栽—观赏园
艺 Ⅳ.①S68

中国版本图书馆 CIP 数据核字（2022）第 016466 号

责任编辑：王　玲　　　责任终审：张乃东
整体设计：锋尚设计　　责任校对：朱燕春　　责任监印：张京华

出版发行：中国轻工业出版社（北京东长安街6号，邮编：100740）
印　　刷：北京博海升彩色印刷有限公司
经　　销：各地新华书店
版　　次：2022年5月第1版第1次印刷
开　　本：720×1000　1/16　印张：11
字　　数：200千字
书　　号：ISBN 978-7-5184-3872-3　定价：59.80元
邮购电话：010-65241695
发行电话：010-85119835　传真：85113293
网　　址：http://www.chlip.com.cn
Email：club@chlip.com.cn
如发现图书残缺请与我社邮购联系调换
200864S5X101ZYW